国家出版基金项目
NATIONAL PUBLICATION FOUNDATION

"十三五"国家重点图书出版规划项目

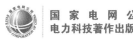

国家电网公司
电力科技著作出版项目

新能源并网与调度运行技术丛书

新能源发电并网评价及认证

李　庆　张金平　陈子瑜　秦世耀　编著

中国电力出版社
CHINA ELECTRIC POWER PRESS

内容提要

　　当前以风力发电和光伏发电为代表的新能源发电技术发展迅猛，而新能源大规模发电并网对电力系统的规划、运行、控制等各方面带来巨大挑战。《新能源并网与调度运行技术丛书》共 9 个分册，涵盖了新能源资源评估与中长期电量预测、新能源电力系统生产模拟、分布式新能源发电规划与运行、风力发电功率预测、光伏发电功率预测、风力发电机组并网测试、新能源发电并网评价及认证、新能源发电调度运行管理、新能源发电建模及接入电网分析等技术，这些技术是实现新能源安全运行和高效消纳的关键技术。

　　本分册为《新能源发电并网评价及认证》，共 7 章，分别为新能源发展及政策、新能源发电并网认证制度、新能源发电并网标准、故障穿越能力评价技术、功率控制能力评价技术、电能质量评价技术和新能源发电并网认证实务。全书内容具有先进性、前瞻性和实用性，深入浅出，既有深入的理论分析和技术解剖，又有典型案例介绍和应用成效分析。

　　本丛书既可作为电力系统运行管理专业人员系统学习新能源并网与调度运行技术的专业书籍，也可作为高等院校相关专业师生的参考用书。

图书在版编目（CIP）数据

　　新能源发电并网评价及认证/李庆等编著. —北京：中国电力出版社，2019.9
（2020.6 重印）
　　（新能源并网与调度运行技术丛书）
　　ISBN 978-7-5198-1639-1

　　Ⅰ. ①新⋯　Ⅱ. ①李⋯　Ⅲ. ①新能源–发电–评价–研究②新能源–发电–认证–研究
Ⅳ. ①TM61

　　中国版本图书馆 CIP 数据核字（2018）第 238831 号

出版发行：中国电力出版社
地　　址：北京市东城区北京站西街 19 号（邮政编码 100005）
网　　址：http://www.cepp.sgcc.com.cn
策划编辑：肖　兰　王春娟　周秋慧
责任编辑：王春娟（010-63412350）　马　青
责任校对：黄　蓓　李　楠
装帧设计：王英磊　赵姗姗
责任印制：石　雷

印　　刷：北京博海升彩色印刷有限公司
版　　次：2019 年 9 月第一版
印　　次：2020 年 6 月北京第二次印刷
开　　本：710 毫米×980 毫米　16 开本
印　　张：15.5
字　　数：278 千字
印　　数：1501—3000 册
定　　价：92.00 元

　　实现能源转型，建设清洁低碳、安全高效的现代能源体系是我国新一轮能源革命的核心目标，新能源的开发利用是其主要特征和任务。

　　2006 年 1 月 1 日，《中华人民共和国可再生能源法》实施。我国的风力发电和光伏发电开始进入快速发展轨道。与此同时，中国电力科学研究院决定设立新能源研究所（2016 年更名为新能源研究中心），主要从事新能源并网与运行控制研究工作。

　　十多年来，我国以风力发电和光伏发电为代表的新能源发电发展迅猛。由于风能、太阳能资源的波动性和间歇性，以及其发电设备的低抗扰性和弱支撑性，大规模新能源发电并网对电力系统的规划、运行、控制等各个方面带来巨大挑战，对电网的影响范围也从局部地区扩大至整个系统。新能源并网与调度运行技术作为解决新能源发展问题的关键技术，也是学术界和工业界的研究热点。

　　伴随着新能源的快速发展，中国电力科学研究院新能源研究中心聚焦新能源并网与调度运行技术，开展了新能源资源评价、发电功率预测、调度运行、并网测试、建模及分析、并网评价及认证等技术研究工作，攻克了诸多关键技术难题，取得了一系列具有自主知识产权的创新性成果，研发了新能源发电功率预测系统和新能源发电调度运行支持系统，建成了功能完善的风电、光伏试验与验证平台，建立了涵盖风力发电、光伏发电等新能源发电接入、调度运行等环节的技术标准体系，为新能源有效消纳和安全并网提供了有效的技术手段，并得到广泛应用，为支撑我国新能源行业发展发挥了重要作用。

"十年磨一剑。"为推动新能源发展，总结和传播新能源并网与调度运行技术成果，中国电力科学研究院新能源研究中心组织编写了《新能源并网与调度运行技术丛书》。这套丛书共分为 9 册，全面翔实地介绍了以风力发电、光伏发电为代表的新能源并网与调度运行领域的相关理论、技术和应用，丛书注重科学性、体现时代性、突出实用性，对新能源领域的研究、开发和工程实践等都具有重要的借鉴作用。

展望未来，我国新能源开发前景广阔，潜力巨大。同时，在促进新能源发展过程中，仍需要各方面共同努力。这里，我怀着愉悦的心情向大家推荐《新能源并网与调度运行技术丛书》，并相信本套丛书将为科研人员、工程技术人员和高校师生提供有益的帮助。

中国科学院院士
中国电力科学研究院名誉院长
2018 年 12 月 10 日

序言 2

近期得知,中国电力科学研究院新能源研究中心组织编写《新能源并网与调度运行技术丛书》,甚为欣喜,我认为这是一件非常有意义的事情。

记得 2006 年中国电力科学研究院成立了新能源研究所(即现在的新能源研究中心),十余年间新能源研究中心已从最初只有几个人的小团队成长为科研攻关力量雄厚的大团队,目前拥有一个国家重点实验室和两个国家能源研发(实验)中心。十余年来,新能源研究中心艰苦积淀,厚积薄发,在研究中创新,在实践中超越,圆满完成多项国家级科研项目及国家电网有限公司科技项目,参与制定并修订了一批风电场和光伏电站相关国家和行业技术标准,其研究成果更是获得 2013、2016 年度国家科学技术进步奖二等奖。由其来编写这样一套丛书,我认为责无旁贷。

进入 21 世纪以来,加快发展清洁能源已成为世界各国推动能源转型发展、应对全球气候变化的普遍共识和一致行动。对于电力行业而言,切中了狄更斯的名言"这是最好的时代,也是最坏的时代"。一方面,中国大力实施节能减排战略,推动能源转型,新能源发电装机迅猛发展,目前已成为世界上新能源发电装机容量最大的国家,给电力行业的发展创造了无限生机。另一方面,伴随而来的是,大规模新能源并网给现代电力系统带来诸多新生问题,如大规模新能源远距离输送问题,大量风电、光伏发电限电问题及新能源并网的稳定性问题等。这就要求政策和技术双管齐下,既要鼓励建立辅助服务市场和合理的市场交易机制,使新能源成为市场的"抢手货",又要增强新能源自身性能,提升新能源的调度运行控制技术水平。如何在保障电网安全稳定运行的前提下,最大化消纳新能源发电,是电力系统迫切需要解决的问题。

这套丛书涵盖了风力发电、光伏发电的功率预测、并网分析、检测认证、优化调度等多个技术方向。这些技术是实现高比例新能源安全运行和高效消纳的关键技术。丛书反映了我国近年来新能源并网与调度运行领域具有自主知识产权的一系列重大创新成果,是新能源研究中心十余年科研攻关与实践的结晶,代表了国内外新能源并网与调度运行方面的先进技术水平,对消纳新能源发电、传播新能源并网理念都具有深远意义,具有很高的学术价值和工程应用参考价值。

这套丛书具有鲜明的学术创新性,内容丰富,实用性强,除了对基本理论进行介绍外,特别对近年来我国在工程应用研究方面取得的重大突破及新技术应用中的关键技术问题进行了详细的论述,可供新能源工程技术、研发、管理及运行人员使用,也可供高等院校电力专业师生使用,是新能源技术领域的经典著作。

鉴于此,我特向读者推荐《新能源并网与调度运行技术丛书》。

中国工程院院士
国家电网有限公司顾问
2018 年 11 月 26 日

　　进入 21 世纪，世界能源需求总量出现了强劲增长势头，由此引发了能源和环保两个事关未来发展的全球性热点问题，以风能、太阳能等新能源大规模开发利用为特征的能源变革在世界范围内蓬勃开展，清洁低碳、安全高效已成为世界能源发展的主流方向。

　　我国新能源资源十分丰富，大力发展新能源是我国保障能源安全、实现节能减排的必由之路。近年来，以风力发电和光伏发电为代表的新能源发展迅速，截至 2017 年底，我国风力发电、光伏发电装机容量约占电源总容量的 17%，已经成为仅次于火力发电、水力发电的第三大电源。

　　作为国内最早专门从事新能源发电研究与咨询工作的机构之一，中国电力科学研究院新能源研究中心拥有新能源与储能运行控制国家重点实验室、国家能源大型风电并网系统研发（实验）中心和国家能源太阳能发电研究（实验）中心等研究平台，是国际电工委员会 IEC RE 认可实验室、IEC SC/8A 秘书处挂靠单位、世界风能检测组织 MEASNET 成员单位。新能源研究中心成立十多年来，承担并完成了一大批国家级科研项目及国家电网有限公司科技项目，积累了许多原创性成果和工程技术实践经验。这些成果和经验值得凝练和分享。基于此，新能源研究中心组织编写了《新能源并网与调度运行技术丛书》，旨在梳理近十余年来新能源发展过程中的新技术、新方法及其工程应用，充分展示我国新能源领域的研究成果。

　　这套丛书全面详实地介绍了以风力发电、光伏发电为代表的新能源并网及调度运行领域的相关理论和技术，内容涵盖新能源资源评估与功率预测、建模与仿真、试验检测、调度运行、并网特性认证、随机生产模拟及分布式发电规划与运行等内容。

根之茂者其实遂，膏之沃者其光晔。经过十多年沉淀积累而编写的《新能源并网与调度运行技术丛书》，内容新颖实用，既有理论依据，也包含大量翔实的研究数据和具体应用案例，是国内首套全面、系统地介绍新能源并网与调度运行技术的系列丛书。

我相信这套丛书将为从事新能源工程技术研发、运行管理、设计以及教学人员提供有价值的参考。

中国工程院院士
中国电力科学研究院院长
2018 年 12 月 7 日

前　言

　　风力发电、光伏发电等新能源是我国重要的战略性新兴产业，大力发展新能源是保障我国能源安全和应对气候变化的重要举措。自 2006 年《中华人民共和国可再生能源法》实施以来，我国新能源发展十分迅猛。截至 2018 年底，风电累计并网容量 1.84 亿 kW，光伏发电累计并网容量 1.72 亿 kW，均居世界第一。我国已成为全球新能源并网规模最大、发展速度最快的国家。

　　中国电力科学研究院新能源研究中心成立至今十余载，牵头完成了国家 973 计划课题《远距离大规模风电的故障穿越及电力系统故障保护》（2012CB21505），国家 863 计划课题《大型光伏电站并网关键技术研究》（2011AA05A301）、《海上风电场送电系统与并网关键技术研究及应用》（2013AA050601），国家科技支撑计划课题《风电场接入电力系统的稳定性技术研究》（2008BAA14B02）、《风电场输出功率预测系统的开发及示范应用》（2008BAA14B03）、《风电、光伏发电并网检测技术及装置开发》（2011BAA07B04）和《联合发电系统功率预测技术开发与应用》（2011BAA07B06），以及多项国家电网有限公司科技项目。在此基础上，形成了一系列具有自主知识产权的新能源并网与调度运行核心技术与产品，并得到广泛应用，经济效益和社会效益显著，相关研究成果分别获 2013 年度和 2016 年度国家科学技术进步奖二等奖、2016 年中国标准创新贡献奖一等奖。这些项目科研成果示范带动能力强，促进了我国新能源并网安全运行与高效消纳，支撑中国电力科学研究院获批新能源与储能运行控制国家重点实验室，新能源发电调度运行技术团队入选国家"创新人才推进计划"重点领域创新团队。

为总结新能源并网与调度运行技术研究与应用成果，分析我国新能源发电及并网技术发展趋势，中国电力科学研究院新能源研究中心组织编写了《新能源并网与调度运行技术丛书》，以期在全国首次全面、系统地介绍新能源并网与调度运行技术，为新能源相关专业领域研究与应用提供指导和借鉴。

本丛书在编写原则上，突出以新能源并网与调度运行诸环节关键技术为核心；在内容定位上，突出技术先进性、前瞻性和实用性，并涵盖了新能源并网与调度运行相关技术领域的新理论、新知识、新方法、新技术；在写作方式上，做到深入浅出，既有深入的理论分析和技术解剖，又有典型案例介绍和应用成效分析。

本丛书共分 9 个分册，包括《新能源资源评估与中长期电量预测》《新能源电力系统生产模拟》《分布式新能源发电规划与运行技术》《风力发电功率预测技术及应用》《光伏发电功率预测技术及应用》《风力发电机组并网测试技术》《新能源发电并网评价及认证》《新能源发电调度运行管理技术》《新能源发电建模及接入电网分析》。本丛书既可作为电力系统运行管理专业员工系统学习新能源并网与调度运行技术的专业书籍，也可作为高等院校相关专业师生的参考用书。

本分册是《新能源发电并网评价及认证》。第 1 章介绍了我国的新能源发展及政策，以及我国新能源发电站并网安全性评价及第三方认证体系的发展。第 2 章介绍了认证认可制度的发展演变及国外新能源认证认可制度，提出了我国并网认证的模式。第 3 章介绍了新能源发电并网标准。第 4～6 章分别介绍了新能源发电站故障穿越能力评价、功率控制能力评价、电能质量评价的主要技术及应用案例。第 7 章介绍了并网认证的实践案例。本分册的研究内容得到了国家重点研发计划项目《大容量风电机组电网友好型控制技术》（项目编号：2018YFB0904000）的资助。

本分册由李庆、张金平、陈子瑜、秦世耀编著，其中，第 1 章、第 6 章由李庆编写，第 2 章由秦世耀编写，第 3 章、第 4 章由陈子瑜编写，第 5 章由张金平、秦世耀编写，第 7 章由张金平、陈子瑜编写。全书编写过程中得到了程鹏、唐建芳、王顺来的大力协助，王伟胜对全书进行了审阅，提出了修改意见和完善建议。本丛书还得到了中国科学院院士、中国电力科学研究院名誉院长周孝信，中国工程院院士、国家电网有限公司顾问黄其励，中国工程院院士、中国电力科学研究院院长郭剑波的关心和支持，并欣然为丛书作序，在此一并深表谢意。

《新能源并网与调度运行技术丛书》凝聚了科研团队对新能源发展十多年研究的智慧结晶，是一个继承、开拓、创新的学术出版工程，也是一项响应国家战略、传承科研成果、服务电力行业的文化传播工程，希望其能为从事新能源领域的科研人员、技术人员和管理人员带来思考和启迪。

科研探索永无止境，新能源利用大有可为。对书中的疏漏之处，恳请各位专家和读者不吝赐教。

作　者

2019 年 6 月

目　录

第 1 章

新能源发展及政策

电力是现代社会使用最广泛的二次能源，电力工业是关系国计民生的重要基础产业与公用事业。电力的安全稳定与充分供应是国民经济的重要保障。随着建设绿色低碳、安全高效电力能源体系要求的不断提升，风能、太阳能等新能源发电技术得到了快速发展。然而，随着中国新能源发电规模的不断扩大，如何科学管理大规模新能源发电并网运行质量是中国新能源发展面临的重大挑战。应对新能源发展的新挑战，须以保障供应总量、提高供应质量为目标，建立适合中国新能源发电的并网认证管理系统，是科学解决新能源发电并网问题的一项基础性工作。

本章主要介绍新能源发电的背景及政策、安全性评价与第三方认证的产生与发展模式。在后续章节中，将深入阐述国内外的新能源发电并网认证制度、标准体系、评价技术和实施方案等内容。

1.1 能 源 政 策

作为新兴的战略产业，新能源的开发和利用得到了国家和行业主管部门的高度重视。2010 年，国务院发布《关于加快培育和发展战略性新兴产业的决定》（国发〔2010〕32 号），首次将新能源列入战略性新兴产业，要求提高风电装备技术水平，有序推进风电规模化发展，加快适应新能源发展的智能电网及运行体系建设。本决定还要求加快建立有利于战略性新兴产业发展的行业标准和重要产品技术标准体系，优化市场准入的审批管理程序。

2010 年，国家能源局出台《风电机组并网检测管理暂行办法》（国能新能〔2010〕433 号），首次明确了风电机组的入网检测项目，并要求只有通过检测的风电机组方可并网运行。本办法的颁布，明确了风电机组入网的检测项目与要求，加强了风电项目建设管理，促进了风电技术的进步。

《风电场接入电力系统技术规定》（GB/T 19963—2011）和《光伏发电站接入电力系统技术规定》（GB/T 19964—2012）分别于 2011 年、2012 年颁布，并于次年开始正式实施。这两项国家标准从有功功率控制、无功容量配置、电网适应性、电能质量、低电压穿越能力等方面，对风电场与风电机组、光伏发电站和光伏逆变器的并网运行特性提出了明确的技术要求。这两项标准的颁布和实施，极大地推动了我国以风力发电和光伏发电为主的新能源发电产业的发展，为我国新能源发电可靠并网、稳定运行和高效消纳提供了技术支撑。

2011 年，国家电力监管委员会发布《关于切实加强风电场安全监督管理遏制大规模风电机组脱网事故的通知》（办安全〔2011〕26 号）。通知指出，并网运行风电场应满足接入电力系统的技术规定，并且电力调度机构要加强风电场监督管理，加快风电场并网安全性评价工作进展，切实保障电力系统安全稳定运行，促进风电安全有序发展。

2014 年，国务院办公厅发布《能源发展战略行动计划（2014～2020年）》（国办发〔2014〕31 号），该计划提出坚持"节约、清洁、安全"的战略方针，加快构建清洁、高效、安全、可持续的现代能源体系，增强能源自主保障能力，推进能源消费革命，优化能源结构，拓展能源国际合作，推进能源科技创新。在风电发展方面，重点规划建设甘肃酒泉、内蒙古西部、内蒙古东部、冀北、吉林、黑龙江、山东、哈密、江苏等 9 个大型风电基地以及配套送出工程。以南方和中东部地区为重点，大力发展分散式风电，稳步发展海上风电。在太阳能发电方面，有序推进光伏基地建设，同步做好就地消纳利用和集中送出通道建设。加快建设分布式光伏发电应用示范区，稳步实施太阳能热发电示范工程。加强太阳能发电并网服务。鼓励大型公共建筑及公用设施、工业园区等建设屋顶分布式光伏发电。

2015 年，中共中央、国务院出台《关于进一步深化电力体制改革的若干意见》（中发〔2015〕9 号），标志着我国电力体制改革进入新时期。意见指出，完善并网运行服务，支持新能源、可再生能源、节能降耗和资源综合利用机组上网，积极推进新能源和可再生能源发电与其他电源、电网的有效衔接，依照规划认真落实可再生能源发电保障性收购制度，解决好无歧视、无障碍上网问题。

2016 年，国家发展和改革委员会发布的《可再生能源发展"十三五"规划》提出，要全面协调推进风电开发，按照"统筹规划、集散并举、陆海齐进、有效利用"的原则，严格开发建设与市场消纳相统筹，着力推进风电的就地开发和高效利用，积极支持中东部分散风能资源的开发，在消纳市场、送出条件有保障的前提下，有序推进大型风电基地建设，积极稳妥开展海上风电开发建设，完善产业服务体系。

加快开发中东部和南方地区风电。加强中东部和南方地区风能资源勘查，提高低风速风电机组技术和微观选址水平，做好环境保护、水土保持和植被恢复等工作，全面推进中东部和南方地区风能资源的开发利用。结合电网布局和农村电网改造升级，完善分散式风电的技术标准和并网服务体系，考虑资源、土地、交通运输以及施工安装等建设条件，按照"因地制宜、就近接入"的原则，推动分散式风电建设。到 2020 年，中东部和南方地区陆上风电装机规模达到 7000 万 kW，江苏省、河南省、湖北省、湖南省、四川省、贵州省等地区风电装机规模均达到 500 万 kW 以上。

有序建设华北、东北、西北"三北"大型风电基地。在充分挖掘本地风电消纳能力的基础上，借助"三北"地区已开工建设和明确规划的特高压跨省区输电通道，按照"多能互补、协调运行"的原则，统筹风、光、水、火等各类电源，在落实消纳市场的前提下，扩大风能资源的配置范围，促进风电消纳。在解决现有风电限电问题的基础上，结合电力供需变化趋势，逐步扩大"三北"地区风电开发规模，推动"三北"地区风电规模化开发和高效利用。到 2020 年，"三北"地区风电装机规模确保 1.35 亿 kW 以上，其中本地消纳新增规模约 3500 万 kW。另外，利用跨省跨区通道消纳风电容量 4000 万 kW。

积极稳妥推进海上风电开发。开展海上风能资源勘测和评价，完善沿海各省（区、市）海上风电发展规划。加快推进已开工海上风电项目建设进度，积极推动后续海上风电项目开工建设，鼓励沿海各省（区、市）和主要开发企业建设海上风电示范项目，带动海上风电产业化进程。完善海上风电开发建设管理政策，加强部门间的协调，规范和精简项目核准手续，完善海上风电价格政策。健全海上风电配套产业服务体系，加强海上风电技术标准、规程规范、设备检测认证、信息监测工作，形成覆盖全产业链的设备制造和开发建设能力。到 2020 年，海上风电开工建设 1000 万 kW，确保建成 500 万 kW。

此外，在太阳能开发方面，《可再生能源发展"十三五"规划》提出要推动太阳能多元化利用。按照"技术进步、成本降低、扩大市场、完善体系"的原则，促进光伏发电规模化应用及成本降低，推动太阳能热发电产业化发展，继续推进太阳能热利用在城乡应用，全面推进分布式光伏和"光伏+"综合利用工程，有序推进大型光伏电站建设。

2016 年，国家发展和改革委员会、国家能源局出台《可再生能源发电全额保障性收购管理办法》（发改能源〔2016〕625 号）、《关于做好风电、光伏发电全额保障性收购管理工作的通知》（发改能源〔2016〕1150 号），旨在加强新能源发电全额保障性收购管理，保障风电、光伏发电的持续健康发展以及非化石能源消费比重目标的实现，推动能源生产和消费革命。

1.2 安 全 性 评 价

安全性评价来源于人类对自然界的认识。系统的安全性评价理论和方法产生于保险业。同时，安全性评价作为安全科学的重要组成部分，随着安全科学技术的进步而发展。

20 世纪 60 年代，由于制造业向规模化、集约化方向发展，系统安全理论应运而生，逐渐形成了安全系统工程的理论和方法。1962 年 4 月，美国公布了首个有关系统安全的说明书——《空军弹道导弹系统安全工程》，对"民兵式"导弹❶计划有关的承包商从系统安全的角度提出了要求，这是系统安全理论首次在实际中（军事工业领域）的应用。1969 年，美国国防部批准颁布了最具有代表性的系统安全军事标准《系统安全大纲要点》，对实现系统安全的目标、计划和手段，包括设计、措施和评价，提出了具体要求和程序。该标准对系统整个寿命周期内的安全要求、安全工程项目做出了具体规定。与美国出台的军事标准《系统安全大纲要点》相类似，中国国防科学技术工业委员会出台了相对应的军用标准《系统安全性通用大纲》（GJB 900—1990）。此后，系统安全理论陆续推广至航空、航天、核工业、石油、化工等领域，并不断发展、完善，成为现代安全系统工程的一种新的理论和方法体系，在当今安全科学中占有非常重要的地位。

20 世纪 80 年代，安全系统工程引入中国，受到许多大中型生产经营单位和行业管理部门的高度重视。通过吸收、消化国外安全性评价方法，机械、冶金、化工、航空、航天等行业开始应用安全性评价方法，如安全检查表、事故树分析、故障类型和影响分析、预先危险性分析、危险与可操作性研究、作业条件危险性评价等。1987 年，机械工业部率先提出了在机械行业内开展机械工厂安全性评价，并首次颁布安全性评价标准《机械工厂安全性评价标准》。该标准的颁布实施，标志着中国机械工业安全管理工作进入了一个新的阶段。该标准的修订版采用了国家最新的安全技术标准，覆盖面宽、指导性和可操作性强、计分趋于合理。

20 世纪 90 年代，电力生产企业考虑到实用性与科学性，普遍采用定性与量化相结合的评价法，对火电厂安全性进行评价。根据评价目的，将评价系统分成不同的子系统，确定查评项目，编制安全检查表，并用相对得分率来衡量系统的安全性。

20 世纪末，国家安全生产监督管理总局要求做好建设项目安全预评价、安全验收评价、安全现状评价及专项安全性评价工作。国家安全生产监督管理总局陆续发布《安全评价通则》及各类安全性评价导则，对安全性评价单位资质进行了审核登记，并通过安全性评价人员培训班和专项安

---

❶ "民兵式"导弹，为美国研制的一种洲际弹道导弹。

全性评价培训班的形式,对全国安全性评价从业人员进行培训和资格认定,使得安全性评价从业人员素质大大提高,为安全性评价工作提供了技术和质量保证。

尽管国内外已研究开发出数十种安全性评价方法和商业化的安全性评价软件包,但由于安全性评价不仅涉及自然科学,还涉及管理学、逻辑学、心理学等社会学,而且安全性评价指标及其权值的选取与生产技术水平、安全管理水平、生产者和管理者的素质,以及社会和文化背景等因素密切相关。因此,每一种安全性评价方法都有其适用范围和应用条件,以及自身的优缺点,对于具体的评价对象,必须选用合适的方法才能取得良好的评价效果。如果选用了不合适的安全性评价方法,不仅浪费工作时间,影响评价工作正常开展,而且可能导致评价结果严重失真,致使安全性评价失败。因此在安全性评价中,合理地选用安全性评价方法意义重大。

目前,对于发电侧的安全性评价工作,国内外很多研究机构做了不少研究工作。发电厂的运行规模非常庞大,涉及众多学科领域,所以,一般来讲,发电厂的安全性评价可分为三大部分:一是电力生产设备部分;二是劳动安全与环境部分;三是安全管理部分。这三大部分又可分为不同的子系统,比如电力生产设备部分又可分为机械部分、化工部分。对于划分出的每一个部分进行安全性评价,要用到不同的评价方法,所以评价方法的选择就成了关键点。

以下为现阶段常规发电厂主要的安全性评价方法。

(1)安全检查表法。这是常用的安全性评价方法之一,有时也称为"工艺安全审查""设计审查"或"损失预防审查"。该方法可以用于建设项目的任何阶段,对于生产过程中很多方面都比较适用。安全检查表法是一种最常用的安全性评价方法。事先把检查对象加以分解,将大系统分割成若干个小的子系统,以提问或打分的形式,将检查项目逐项检查,避免遗漏。

(2)预先危险性分析法。这是一种起源于美国军用标准安全计划的方法,主要用于对危险物质和重要装置的主要区域进行分析,包括设计、施工和生产前对系统中存在的危险性类别、出现条件、导致事故的后果进行分析,其目的是识别系统中潜在的危险,确定其危险等级,防止发展成事故。

（3）故障假设分析/检查表法。这是由创造性的假设分析方法与安全检查表法组合而成的，它弥补了单独使用以上两种方法时各自的不足。安全检查表法是一种以经验为主的方法，用它进行安全性评价时，成功与否很大程度上取决于检查表编制人员的经验水平。如果检查表编制得不完整，评价人员就很难对危险性状况做出有效的分析。而故障假设分析法鼓励评价人员思考潜在的事故后果，弥补了安全检查表编制时可能存在的经验不足。另外，安全检查表使故障假设分析方法更加系统化。

（4）故障类型和影响分析法。这是系统安全工程的一种方法，根据系统可以划分为子系统、设备和元件的特点，按实际需要将系统进行分割，然后分析各自可能发生的故障类型及产生的影响，以便采取相应的对策，提高系统的安全可靠性。故障类型和影响分析是发电厂电力生产设备部分常用的一种安全分析方法。

（5）专家评议法。这是一种吸收专家参加，根据事物过去、现在及发展趋势，进行积极的创造性思维活动，对事物的未来进行分析、预测的方法。由于其简单易行，比较客观，所以被人们广泛采用。在安全性评价工作中，这种方法十分有用。

（6）危险点控制法。这是用于火力发电厂的一种常用方法。危险点的产生有着特定的条件，其过程较为复杂，有一些危险点是人们能想象分析出来的，但也有一些危险点却被人们疏忽了。用危险点控制理论，对火力发电的整个生产过程进行分析，记录危险点存在的条件，便于日常的电力生产工作，同时也使安全性评价工作有据可依。

2011年，国家电力监管委员会在考虑安全性评价的实用性和科学性的基础上，出台了中国首个新能源发电的安全性评价规范《风力发电场并网安全条件及评价规范》（办安全〔2011〕79号），并组织开展了风电场并网安全性评价工作。通过对风电场内部一次、二次设备及安全管理制度的检查与评价，进一步加强风电并网安全管理。

新能源发电并网安全性评价是中国风电安全监管的重要手段。按照风险率分配标准分，逐项赋以与重要程度相对应的分值，一般先确定一个总分，然后逐级确定子系统的重要程度，即确定权重系数，根据权重系数将总分分配给各个子系统，最后再按权重系数将子系统的分数分配到各个评价项目。权重系数的确定，可以依靠专家群体的知识和经验，由专家讨论决定，通过反复实践，不断修改评价内容和逐项赋以的分值，评价结果不仅采用单一数字，还采用文字说明和数字分析相结合的方法，用相对得分率（安全基础系数）来衡量系统的安全性（危险性），相对得分率越高，说明该评价项目相对危险因素越少，发生事故的可能性也就越小，使企业对自身哪些方面存在发生重大事故的危险因素能够一目了然，以便及时采取措施，提高安全水平。

作为风电安全监管的重要手段，风电场并网安全性评价工作能够实现对风电场并网运行安全保障能力的全面诊断和评价，对确保电网和并网风电场的安全稳定运行十分重要。根据中国新能源发电发展的现状，风电场并网安全性评价包含必备项目和评价项目两部分（如图1-1所示）。

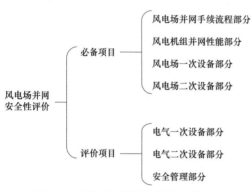

图1-1　风电场并网安全性评价项目

1.2.1　必备项目

风电场并网安全性评价中的必备项目是指风电场并网运行的最基本要求，主要包含对电网和风电场的安全运行可能造成严重影响的技术和管理内容。必备项目主要由四部分组成。

（1）风电场并网手续流程部分。风电场应具备齐全的立项审批文件，按规定经政府有关部门核准，并与所在电网调度机构签订《并网调度协议》，这是风电场建设并网的基本前提。

（2）风电机组并网性能部分。根据《风电场接入电力系统技术规定》（GB/T 19963—2011），通过查阅风电机组技术说明书、调试报告以及测试报告，对风电机组电网适应性、电能质量、低电压穿越能力以及风电场无功容量配置等进行评价。

（3）风电场一次设备部分。通过查阅风电机组自动控制及保护技术资料、高压变压器预防性试验报告、高压断路器、组合电器、避雷器及电缆等文档资料，以及电气预防性试验报告或交接试验报告，确保风电场内主要一次设备符合国家标准的要求。

（4）风电场二次设备部分。查阅继电保护及安全动作装置有关资料和配置图，并对照现场实际设备核实。

1.2.2　评价项目

风电场并网安全性评价中的评价项目是指除必备项目外风电场并网运行应当满足的安全要求，主要用于评价并网风电机组及直接相关的设备、系统、安全管理工作中影响电网和风电场安全稳定运行的危险因素的风险度。评价项目主要可分为电气一次设备、电气二次设备和安全管理三部分。

（1）电气一次设备部分。主要针对风电机组和风电场、高压变压器、涉网高压配电装置、过电压、接地装置和涉网装置外绝缘，通过查阅记录、图纸和报告等方式开展核查评价工作。

（2）电气二次设备部分。针对继电保护及安全自动装置、电力系统通信、调度自动化、直流系统，通过查阅测试记录、试验报告、运行记录和现场检查，对风电场内部电气二次设备进行评价。

（3）安全管理部分。针对现场规章制度、安全生产规章管理、技术监督管理、应急管理、电力二次系统安全防护、反事故措施制定与落实、安全标志，通过监督制度、考核办法、考核记录及应急救援体系和应急救援预案等文档资料，完成风电场并网安全管理评价工作。

为贯彻落实《国务院关于取消和调整一批行政审批项目等事项的决定》（国发〔2014〕50号），国家能源局发布《国家能源局关于取消发电机组并网安全性评价有关事项的通知》（国能安全〔2015〕28号），国家能源局及其派出机构已不再组织开展发电机组并网安全性评价工作。评价工作逐渐由政府主导转变为市场主导，为此需要进一步研究适合我国国情的新能源并网管理办法。

综上所述，如何科学建立适应中国新能源发展现状的风电场、光伏电站的并网评价和认证体系，已成为中国新能源产业持续健康发展的关键所在。《可再生能源"十三五"发展规划》明确提出了完善可再生能源标准检测认证体系的要求，从顶层设计层面，围绕国家标准要求，评定新能源电站并网性能与国家标准要求的符合性，保证新能源电站并网性能的符合性。

1.3 第 三 方 认 证

第三方认证是由西方的质量保证活动发展起来的。1959 年，美国国防部向国防部供应局下属的军工企业提出了质量保证要求，针对承包商的质量保证体系规定了两种统一模式：《质量大纲要求》（MIL－Q－9858A）和《检验系统要求》（MIL－I－45208）。承包商要根据这两个模式编制《质量保证手册》，并保证有效实施。政府要对照文件逐步检查、评定实施情况。这种办法促使承包商进行全面的质量管理，取得了极大的成功。后来，美国军工企业的这个经验很快被其他工业发达国家军工部门所采用，并逐步推广到民用工业，在西方各国蓬勃发展起来。

随着上述质量保证活动的迅速发展，各国的认证机构在进行产品质量认证的时候，逐渐增加了对企业的质量保证体系进行审核的内容。在 20 世纪 70 年代后期，英国标准协会（British Standards Institution，BSI）首先开展了单独的质量保证体系的认证业务，使质量保证活动由第二方审核发展到第三方认证，受到了各方面的欢迎，更加推动了质量保证活动的迅速发展。1979 年，国际标准化组织（International Organization for Standardization，ISO）根据英国标准协会的建议，决定在 ISO 认证委员会"质量保证工作组"的基础上成立"质量保证委员会"。1980 年，ISO 正式批准成立了"质量保证技术委员会"（TC176）开展认证工作。1987 年，ISO 9000 标准问世，很快形成了一个世界性的潮流。进入 20 世纪 90 年代后，质量体系认证在各国飞速发展并且内容不断丰富。随后，ISO 制定并发布了 ISO 9001（质量管理体系）、ISO 14001（环境管理体系）和 ISO 28000（供应链安全管理体系）等一系列管理体系标准，在世界各地掀起了对质量、安全、卫生和环境管理体系标准的认证热潮。

ISO 9000 虽然是国际标准，但转化成各国标准之后可能有不同理解，特别是用于认证后，由于企业千差万别，审核人员掌握标准的尺度也不尽相同，这样也给统一和相互认可带来障碍，因此对认证人员进行统一培训就变得非常重要。1985年，英国为加强对审核员的管理，扩大英国在审核人员培训和管理上的影响，由英国质量保证协会牵头组建了英国审核员注册委员会，1993年又将其改为认证审核员国际注册机构。注册机构的宗旨是确认质量体系审核员的审核能力，包括从事第二方和第三方认证审核人员。根据审核员的经历和资质，注册分为三级：主任审核员、审核员和见习审核员。除此之外，英国还开展了对培训机构、培训教师及培训教材的注册和审定工作，使这一体系日臻完善。1966年英国成立了国家校准服务局，1982年英国又成立了全国测试实验室认可体系。1985年英国国家校准服务局和全国测试实验室认可体系合并为英国国家实验室第三方认证委员会。

国际上的实验室第三方认证组织都由正式的国际组织来承担，而各国的实验室第三方认证组织多由政府部门、学术部门、国家立法机构或者经过政府授权的独立组织承担。这些机构可以是属于国家政府部门的官方组织，如日本的实验室国家认可体系，也可以是独立的民间机构。通常一个认证机构只从事特定的产品或技术认可，或者从事行业认可，所以多数国家一般会设置多个从事不同行业、不同领域认可工作的组织机构。

根据地区市场特征、政府介入程度、管理主体统一程度，第三方认证主要可分为市场主导推动型、政府主导推动型、协同发展推动型三种基本模式。

（1）市场主导推动型认证体系。第三方认证的市场主导推动型发展模式以市场需求为主要导向，主要依靠市场需求引导第三方认证的发展。美国作为市场主导推动型第三方认证发展的代表国家，具备复杂、多样的认证体系，并且美国政府、国家机构、私人机构都可参与美国第三方认证体系。

美国第三方认证体系有美联邦政府、州地方政府和民间组织三大认证体系主体。以美联邦政府为主体的认证体系是由相关的政府机构进行运作实施的，联邦政府设有专门的监督、管理第三方认证机构，这些认证机构接受联邦政府的认证委托来对产品进行认证，合格后颁发证书。美联邦政府的许多质量认证多数以国家立法形式颁布实施，多侧重于对社会影响大的产品和服务，属于强制认证范畴。美国目前操作执行了50多项强制性认证计划，其中就有和人们健康生活息息相关的食品药品（Food and Drug Administration，FDA）认证、交通部（Department of Transportation，DOT）认证等，美国还强制性规定了一些产品只有通过特殊认证机构认证后才能在市场上销售。

除此之外，美国各州政府也会根据不同产品对本地居民的健康和安全影响，结合本地区实际情况针对不同产品设置相关认证方案。销往各州的产品必须由各州政府进行相应的实验室检测或者要求某一产品必须由某认证机构进行检查认证。

（2）政府主导推动型认证体系。第三方认证的政府主导推动型发展模式以政府遵循市场经济规律为前提，构建一个工作发展的平台和链条，通过该平台吸引多种主体参与第三方认证。第三方认证的政府主导推动型发展模式依据完善的标准体系对第三方认证工作进行合格评定，并对第三方认证工作进行合理统一的规划，统一领导，合理设置机构和分工协作，统一协调、统一服务以便促进第三方认证标准化的沟通合作和促进第三方认证的标准化服务和科技成果的转化。日本和印度作为第三方认证的政府主导推动型发展模式的典型代表国家，均设置相应的政府管理部门对第三方认证工作进行管理。

日本政府的认证管理工作是由政府自主管理，政府各部门分别管理产品的质量和服务认证工作，并具有自主研发设计的认证标志。日本政府的通产省是日本国内开展第三方认证工作的主要部门，并且在通产省认证的产品占据日本国家产品认证的90%左右。与多数国家的第三方认证相类似，日本的第三方认证也可分为强制性认证和自愿性认证，其中强制性认证主要集中在与人民健康生活密切相关的日用品、煤气用具、液化石油气、电子电器等产品领域。对于需要强制性认证的产品而言，经过通产省的检查、评测和认证，通产省在可确保其产品质量和管理系统合格后，会为其颁发产品认证证书，并在后续使用中接受通产省的监督检查。在日本，自愿性认证主要适用于一般性产品或加工技术。

（3）协同发展推动型认证体系。第三方认证的协同发展推动型主导模式最初采用市场主导推动型发展模式，但随着政府在第三方认证中主导作用的不断加强，逐渐形成了市场主导推动型模式和政府主导推动型发展模式相结合的混合发展模式。英国和欧盟是第三方认证的协同发展推动型认证体系的代表国家。

英国的第三方认证最早诞生于市场经济活动中，由市场经济推动发展而来。然而，随着市场经济的发展，英国的第三方认证出现许多问题，比如标准体系不健全、产品质量和服务得不到保障等。随后，英国于1955年在国家层面成立了英国国家第三方认证机构，并且通过国家层面的第三方认证机构对本国市场上的认证进行统一规划、统一协调和统一服务。欧盟建立第三方认证体系的初衷是为统一欧盟各成员国的标准规定，使得产品能够在各成员国之间畅通无阻的进行销售。1985年，欧洲共同体（欧盟前身）建立了第三方质量认证CE标识。在欧洲共同体范围内市场上销售的产品，必须符合欧洲共同体的产品认证法规，并粘贴CE标志。

第 2 章

新能源发电并网认证制度

认证与认可制度作为证实能力和传递信任的国际通行手段和方式，在保障质量安全、推动技术进步和促进社会发展等诸多方面发挥着重要作用。认证与认可制度最早诞生于英国，发展完善于欧美等地区发达国家，并于20世纪80年代引入中国。德国、西班牙等高比例新能源装机国家相继建立了面向新能源发电的第三方并网认证制度，促进了新能源发电并网技术的持续发展和长足进步。

本章介绍了国内外认证与认可制度的发展历程，并且对认证与认可涉及的基础知识进行了说明，然后重点介绍了德国、西班牙、英国的新能源发电并网认证制度，最后详细阐述了中国新能源发电并网认证的情况。

2.1 认 证 认 可 制 度

2.1.1 国际认证认可制度

在19世纪中晚期，随着第一次和第二次工业革命的进行，蒸汽机、内燃机和电力得到了广泛的应用，但随之而来的是锅炉爆炸和电力火灾等安全事故不断发生，引起了社会、民众的广泛关注和强烈反应。政府主管部门逐渐认识到，社会分工的精细化发展，使得产品生产、分配、使用分化，产品质量已经从买卖双方交易的经济性和合同性问题转变为社会性问题，因此需要对这些产品的标准符合性进行评定。

在产品合格评定方面，首先出现的是产品提供方的合格评定，这是指由提供合格评定对象的人员或组织进行的合格评定活动，也可称为第一方合格评定活动。但由于合格评定活动与自身经济利益密切相关，这就使其评价结果受到大量质疑，所以其可靠性也受到了大量质疑。紧接着，出现的是产品接收方的合格评定，这是指在合格评定对象中具有使用方利益的人员或组织进行的合格评定活动，也可称为第二方合格评定活动。但第二方合格评定活动，由于受到产品使用方对企业运行效率和经济利益支配的限制，所以无法适应保障公共利益的需要。最后，第三方合格评定活动应运而生，这项合格评定活动是由既独立于提供合格评定对象的人员或组织，又独立于具有使用方利益的人员和组织，并不受双方经济利益所支配和影响的第三方组织的人员或机构执行，用科学、公正的方法对产品进行合格评定的活动。

因此，在政府、公众和社会等多方的共同努力下，由独立于供需双方利益的第三方对涉及安全、健康的产品进行检验和监督，可给社会公众提供一个可靠的保证，故而逐步为社会所接受。1870 年，德国锅炉行业在政府和公众的压力下，同时为了避免政府对行业进行直接管理，在德国鲁尔区成立了独立管理、独立运行的技术监督协会（Technischer Überwachüngs Verein，TÜV），进行锅炉安全检查，其业务后来又扩展到电梯、内燃机、水力发电机、汽车等领域的安全检测和认证，现已经发展成为全球领先的技术检测和监督机构——德国莱茵 TÜV 集团。

英国是最早在全国范围内建立认证制度并使用认证标志的国家，也是现代第三方认证制度的发源地。1901 年，由英国土木工程师学会、机械工程师学会、造船工程师学会与钢铁协会共同发起成立了英国工程标准委员会，这是全球第一个全国性标准化机构，它的诞生标志着标准化活动进入了一个新的发展阶段。1903 年，英国工程标准委员会率先建立了认证制度，在符合标准的铁路钢轨上施加"风筝标志"，这也是认证制度发展历史上第一个质量标志。1919 年，英国颁布《商标法》，规定凡经检验合格的商品均应施加"风筝标志"，这将"风筝标志"的适用范围从铁路钢轨扩展到其他工业产品。至此，"风筝标志"开始具备了认证的含义，并开创了产品认证制度的先河。1921 年，英国成立了以管理"风筝标志"发放和使用的英国标志委员会，并于次年开始对各类产品的标志实行注册管理制度。1929年，英国工程标准委员会被授予皇家宪章，并规定：该协会的工作宗旨是协调生产者与用户之间的关系，解决供需矛盾，改进生产技术和原材料，实现标准化和简化，避免时间和材料的浪费。1931年，由于补充宪章的颁布，英国工程标准委员会改名为英国标准协会（BSI），并沿用至今。随后，很多西方国家纷纷建立适用于本国本地区的产品认证制度，使产品认证得到了较快的发展，并于20世纪50年代普及到所有工业发达的国家。

目前，产品认证制度在世界各国得到了广泛的普及，这也是工业化社会的一大创举。纵观20世纪产品认证的发展进程，大致可将其分为三个阶段。

第一阶段，通过国家立法，建立国家认证制度。20世纪初，可认为是产品认证活动发展的初级阶段，各国通过国家立法，依据国家标准建立本国的认证制度，其目的在于提高产品质量、保障产品的使用安全，加强对市场上流通产品的监督和管理。欧美发达国家建立了自己国家的产品认证制度。比如1938年，法国开始实行以法国国家标准为基础的"NF"国家标志认证制度；随后，加拿大开始实施产品质量认证工作，推行"CSA标志"认证制度；日本于1949年制定了《日本工业化标准法》，开始推行"JIS标志"认证制度。在此阶段，产品认证逐步成为世界上工业发达国家对产品实施质量检测的通用手段，并已经成为工业化社会的发展趋势。

第二阶段，开放国家认证制度，推动区域性双边或多边认证认可制度的建立。20世纪中期，国际贸易规模不断扩大、科技交流日益增加，不同国家认证制度的不同，往往会造成国际贸易技术壁垒的出现，极大地限制了产品、技术在国际的流通和交流。于是，一些国际组织建议认证活动要向国际化方向发展，逐步形成相互通行的认证制度模式。这些举措，推动了不同国家之间认证制度的合作，促进了区域认证制度的建立和发展。国际标准化组织（ISO）成立了认证委员会（CERTICO），即国际标准化组织/合格评定委员会（ISO/CASCO）的前身，陆续制定了包括符合性认证、实验室认可等要求在内的20多个区域合作认证指南，指导了国家、区域的认证和国际认证制度的建立和发展。

第三阶段，逐步建立以国际标准为依据的国际认证制度，并继续强化区域性认证。在 20 世纪 80 年代以后，随着世界经济贸易的进一步发展，规范和完善各国间的认证活动成为促进国际贸易的重要前提。在世界贸易组织制定的《技术性贸易壁垒协定》（TBT）中，规定各国开展认证活动必须遵守非歧视、国际标准、一致、透明、国际化和有限干预的六项原则。为此，国际标准化组织（ISO）于 1970 年成立合格评定委员会（CASCO），研究制定合格评定方法，制定产品和服务的测试、检验、认证指南和国际标准，以及机构认可指南和国际标准，促进合格评定体系的相互承认和认可，促进国际标准的应用，更加规范和有效地推动了包括产品认证在内的合格评定的健康发展。

除了英国的风筝认证标志外，法国的 NF 国家标志、德国的 DIN 检验和监督标志、德国电气工程师协会的 VDE 标志、日本的 JIS 标志、美国保险商实验室的 UL 标志及后来的欧洲 CE 标志，都是世界上很有信誉和权威的认证标志。认证以公平、公正、合理的工作方针，有效提高了产品信誉，减少了重复检验，削弱和消除了贸易技术壁垒，从而取得了社会和政府的信赖，进一步提高了认证的权威性和严肃性。

随着认证领域的越来越广，从事认证的机构越来越多，比如美国从事认证的机构多达 400 家，而欧洲则有 1000 多个认证机构和近万家产品检测机构。然而，认证机构数量众多、良莠不齐的局面使得客户无所适从。因此，一些国家政府决定设立国家认可机构，通过国家认可机构对认证机构的能力和行为进行监督、管理。1982 年，英国政府发表的《质量白皮书》明确提出要建立国家认可制度，并成立了英国认证机构国家认可组织、校准实验室认可组织和检测实验室认可组织，对认证机构和实验室进行能力认可，使英国成为第一个设立国家认可机构、实行国家认可制度的国家。随着认证认可的国际化发展，特别是认证认可在国际的相互合作和相互承认，英国于 1995 年对国内多个认可机构进行整合，成立英国认可服务组织，作为英国政府承认的全面负责认证机构、实验室、检查机构认可的国家认可机构。

国际认可论坛和国际实验室认可合作组织作为世界范围内认可机构的国际合作组织，通过建立同行评审制度，形成国际多边互认协议，共同在全球范围内建立和发展统一、有效的国际认可制度，促使认可的合格评定结果具有同等可信性。

2.1.2 中国认证认可制度

2.1.2.1 认证制度

认证工作在中国经历了一个逐渐演变的过程，逐步形成"统一体系、共同参与"的认证认可发展局面。中国所有的认证机构、检查机构、实验室应通过中国合格评定国家认可委员会（CNAS）❶认可，证明其具备了按规定要求在获准认可范围内提供特性合格评定服务的能力，促进了认证机构、检查机构和实验室合格评定结果被社会和贸易双方相信、接受和使用。中国的第三方认证体系起步于 20 世纪 80 年代，在加入世界贸易组织后得到了快速发展和长足进步，逐步形成了多方面管理、多层次互补的第三方认证体系。

1978 年，中国正式加入国际标准化组织，逐步意识到认证是对产品进行规范和有效评价、监督、管理的重要手段，也是落实国家标准和行业标准的有力措施，于是开始着手在国家层面推行开展产品认证工作。1981 年，中国电子元器件质量认证委员会正式成立，并根据国际电工委员会（IEC）电子元器件质量评定系统的标准、规范和中国国家标准、行业标准要求，开展电子元器件的产品认证工作，这标志着中国有关产品质量认证工作开始起步。1984 年，中国电工产品认证委员会成立，并成为国际电工委员会电工产品合格测试认证组织管理委员会成员，并根据 IEC 标准、中国国家标准和行业标准开展对电动机、电焊机、电动工具、电气设备、电器附件、电气保护器等电工产品的认证工作。

随着中国经济的发展，第三方认证体系的作用越来越明显，中国逐步意识到建立统一平台并开展集中管理的迫切需要。1991 年，《中华人民共和国产品质量认证管理条例》颁布，标志着中国的质量认证工作由试点转向

---

❶ CNAS 是中国合格评定国家认可委员会（China National Accreditation Service for Conformity Assessment）的英文简称。

全面推行的新阶段。1992 年，中国发布了《质量管理体系》（GB/T 19000）系列标准。在这一时期，随着第三方认证事业在中国广泛开展和应用，第三方认证制度得到了快速的发展和长足的进步。我国逐步开展了汽车用玻璃安全认证、机械产品安全认证、农机产品安全认证、玩具产品安全认证、信息产品安全测评认证、药品安全认证、产品电磁兼容认证等认证工作，在提高产品质量、保障产品安全方面发挥了显著的促进作用。随着国际经济的不断融合与发展，为适应全球一体化发展，亟需健全我国第三方认证体系，以提高产品的国际竞争力。

进入 21 世纪以来，中国逐步建立健全了第三方认证制度和管理体系，其主要标志就是中国国家认证认可监督管理委员会（CNCA）的成立。同期，中国针对不同产品需求，建立了强制性和自愿性第三方认证制度，完备了中国第三方认证体系。中国对第三方认证机构的有效管理，促进了第三方认证体系的不断完善。

2003 年 11 月，国务院颁布实施了《中华人民共和国认证认可条例》。从此，中国已建成适应国际规则和中国实际国情的认证制度，同时，这也是中国认证工作的主要法律基础和重要工作依据，标志着中国认证工作全面进入一体化、规范化、法制化的发展阶段。

2.1.2.2　认可制度

认可工作在中国的萌芽可以追溯到改革开放之初的 1980 年。伴随着中国改革开放的进程，认可工作在中国的发展经历了一个逐渐演变的过程，从萌芽到起步，从分散到集中，从国际跟随到大国影响，既是中国改革开放不断推进的成果，也是有关各方共同努力的成果。

1980 年，国家标准总局和国家进出口商品检验局共同组团首次参加了国际实验室认可大会，这标志着国际认可工作在中国开始萌芽。此后，中国还派代表团参加了国际标准化组织认证委员会会议，开始跟踪合格评定相关国际要求，并陆续在机床出口、电子元器件认证等部分领域开展对检验实验室能力的评价活动。

1985 年，中国颁布了《中华人民共和国计量法》，并且成立国家进出口商品检验认证委员会，对向社会提供公正数据的产品质量检验机构和承担进出口商品检验、测试、分析、鉴定与参加出口产品认证、质量许可证和质量监督抽查评比等工作的各类实验室、检测单位的检测能力推行计量认证和实验室认证，对实验室和检查机构能力的评价活动以"认证"的概念通过政府管理相关实验室和检查机构的方式正式引入中国。

1993 年，中国颁布了《中华人民共和国产品质量法》，对认证机构认可做出相关的规定，"认可"首次写入中国法律，并以"认可"的概念组织开展认证机构和实验室能力评价工作。

2002 年，中国成立中国认证机构国家认可委员会（CNAB）❶和中国实验室国家认可委员会（CNAL）❷，分别开展认证机构和实验室能力认可。同年，中国合格评定国家认可中心成立，自此中国统一认可机构的法律实体平台正式建立，标志着中国建立集中统一的认可体系正式进入实施阶段。

2003 年，中国正式颁布《中华人民共和国认证认可条例》，对中国认可活动做出系统的法律界定，对中国认证认可工作产生了重要的影响。

2.2 认证认可制度的基础知识

2.2.1 术语与定义

（1）认可。认可是指认可机构对认证机构、实验室、检查机构以及从事评审、审核等认证活动人员的能力和职业资格，予以承认的合格评定活动。换言之，认可指正式表明合格评定机构具有实施合格评定工作能力的第三方证明，其认可对象是从事检测、检查和认证活动的组织机构。认可机构是向具有合格评定能力的机构授权并签发证书的组织机构，一般为政府机构自身部门或政府指定的代表机构，不存在竞争机制。

（2）认证。认证是指认证机构证明产品、服务、管理体系符合相关技术规范的强制性要求或者标准的合格评定活动。也就是说，认证是指与产品、服务、管理体系有关的、规定要求得到满足的第三方认证机构证明，其中被认证对象一般为特性材料、产品、过程、体系、人员等。认证机构

---

❶ CNAB 是中国认证机构国家认可委员会（China National Accreditation Board）的英文简称。

❷ CNAL 是中国实验室国家认可委员会（China National Accreditation Board for Laboratories）的英文简称。

是从事认证工作并具有合格评定能力的组织机构，大多数国家认证机构之间存在竞争关系。

尽管认证和认可的含义、对象不同，但认证和认可都是合格评定链中的必需环节，并且共同属于合格评定范畴。根据《合格评定词汇和通用原则》（GB/T 27000—2006）的要求，合格评定是指与产品、过程、体系、人员或机构有关的规定要求得到满足的证实。这里需要额外指出，合格评定有广义概念和狭义概念之分，其中广义的合格评定包括检测、检查、评价和认证，以及对合格评定机构的认可活动；狭义的合格评定通常指检测、检查、评价和认证等活动。本书以下内容所述的合格评定是指狭义概念。

在现代经济社会发展中，产品认证作为履行合同的要求和贯彻标准的手段，已经广泛存在于商品形成、流通和使用的各个环节。需要注意，这里的"产品"是广义的产品概念，包括硬件的实物产品、软件产品和服务。产品认证的基础是标准和其他技术规范，产品认证的目标是通过合格评定活动确定产品是否满足要求。产品认证应有确定特性的活动、对确定特性的评价活动、认证决定的活动，这三项活动必不可少，也可称为产品认证的三项基本要素。

（3）检测。检测是指按照程序确定合格评定对象的一个或多个特性的活动。实验室是从事检测活动的机构，可以是一个组织或一个组织的一部分。检测活动只需对样品被检测时的状况满足相关规定要求负责，而无法保证被抽检样品持续满足相关规定要求，也无法保证其他未被抽检的样品满足相关规定要求。检测可以看作是认证活动中确定合格评定对象特性的关键环节。

（4）检查。检查是指审查产品设计、产品、过程或安装并确定其与特定要求的符合性，或根据专业判断确定其与通用要求的符合性的活动。检查机构是从事检查活动的机构。检查活动只需对检查对象与特定要求符合性负责，但无法保证未检查对象与特定要求的符合性。检查可以看作是认证活动中确定合格评定对象与特定要求符合性的主要环节。

（5）评价。评价是指通过审查认证过程中所获得的定量和定性证据的充分性,对合格评定对象满足相关规范要求的情况和程度进行评估的活动。

评价活动一般由认证机构执行，并可看作是认证活动中确定产品性能符合性的决定环节，也是认证活动必不可少的环节。

（6）认证决定。认证决定是指根据所获的文件资料、检测报告、检测记录等进行综合的分析和评估后，若信息完整且充足，则可颁发认证证书或授权使用符合性标志的活动。认证决定可以看作是认证活动中颁发证书或授权标志的收官环节，也是决定产品是否可以获得许可的重要环节。

（7）认证机构。认证机构是认证活动的执行主体，是认证活动符合规定要求（包括法律法规或规范以及相关方要求等）的责任者；认证制度是认证活动的执行基础，认证要素是认证活动的执行步骤。

2.2.2　要素与模式

在常规产品认证中，由于成本、周期和技术手段（如对产品进行破坏性方法检测）等因素的限制，往往不可能对每一件产品直接实施评定，常见的是按照一定的抽样方法从工厂或市场取得产品的样品，对其进行评定，或对生产过程确保产品符合性的能力进行系统评价，或两方面结合起来，从而间接地判定认证对象的总体与规定要求的符合程度，这就会导致出现不同的产品认证模式。

表 2－1 给出了国际标准化组织归纳的 8 种常见的产品认证模式，并于 1982 年出版《认证的原则与实践》，其中质量体系是指在产品质量方面指挥和控制组织并相互关联或相互联系的一组要素。前 6 种通用的产品认证模式，都是间接判断认证对象总体符合性，由不同的"活动"组合而成。同时，由于这些"活动"可以看作是产品认证的组成要素，所以要素的不同组合方式就构成了不同的认证模式。后 2 种通用的产品认证模式"批量检验"和"100%检验"是对认证对象的总体直接实施判定。

表 2－1　　　　　　　　　产品认证的 8 种模式

认证模式	型式试验	质量体系评定	认证后监督		
			市场抽样检验	工厂抽样检验	质量体系复查
1	●				
2	●		●		
3	●			●	

认证模式	型式试验	质量体系评定	认证后监督		
			市场抽样检验	工厂抽样检验	质量体系复查
4	●		●	●	
5	●	●	●	●	●
6		●			●
7	批量检验				
8	100%检验				

国际标准化组织和国际电工委员会向各国正式提出建议，以第 5 种认证模式为基础建立各国的国家认证制度。此外，第 6 种认证模式是质量管理体系认证，也是国际标准化组织和国际电工委员会向各国推荐的认证制度。通过 8 种产品认证模式和组成这些模式的活动，可以看出各种认证模式并没有优劣之分。由于每种认证模式的复杂程度、周期、成本各不相同，所以每种认证模式在特定应用环境中都有其合理性，可针对不同的产品质量控制需求和实际应用环境，选择相符合的认证模式。

随着产品认证不断向深度、广度拓展，为了帮助各方全面认识产品认证的要素和模式，以根据具体需求来设计或选择合理的产品认证制度，国际标准化组织的合格评定委员会，根据认证理论和实践的发展，重新对产品认证的要素和组合方式进行了界定，并在此基础上制定了国际标准化组织和国际电工委员会指南 67《合格评定　产品认证基础》，而中国等同采用该指南制定的国家标准为《合格评定产品认证基础和产品认证方案指南》（GB/T 27067—2017）（简称《指南》）。

在该标准中，利用"产品认证制度"概念代替原有的"产品认证模式"概念，并重新识别产品认证制度的各种要素，给出了产品认证中更具通用性和普遍性的要素。然后，以这些认证要素为基础，通过确定产品认证制度的要素和对其加以组合，给出了产品认证制度的要素和类型矩阵，就如何组合使用产品认证的要素提出了建议（见表 2-2）。

表 2-2　　　　　　　　　　产品认证制度的要素和类型

产品认证要素	产品认证制度						
	1a	1b	2	3	4	5	6
（1）适用时，选取（取样）	●	●	●	●	●	●	
（2）适用时，通过下列方法确定特性： a）检测； b）检查； c）设计评价； d）服务评定	●	●	●	●	●	●	●
（3）复核（评价）	●	●	●	●	●	●	●
（4）认证决定：批准、保持、扩大、暂停、撤销认证	●	●	●	●	●	●	●
（5）许可（证明）：批准、保持、扩大、暂停、撤销使用证书或标志的权利		●	●	●	●	●	●
（6）适用时，通过下列方法进行监督： a）从公开市场抽样检测或检查； b）从工厂随机抽样检测或检查； c）结合随机检测或检查的质量体系考核； d）对生产过程或服务评定			●	● ●	● ● ● ●	● ● ● ●	●

　　表 2-2 以矩阵形式列出 7 个类型产品认证制度的要素组合。表 2-1 中的"型式试验"在该《指南》中，被进一步分解为"选取（取样）"和"检测"两个要素；同时，表 2-1 中的"质量体系评定"，在该《指南》中是指在确定产品符合性的阶段，通过生产过程或质量体系的特性，来为判断产品符合性提供间接的依据，其评价对象并不是产品本身，而是工厂生产过程或质量体系。此外，该《指南》还增加了复核、认证决定、证明等要素。

　　这些基本的要素在产品认证中常会被采用，并且要素（2）、要素（3）和要素（4）是产品认证中必不可少的要素。首先，在产品认证中，认证机构必须有通过检测、检查、设计评价或服务评定等方法确定产品、过程或服务的特性的活动；其次，认证机构必须有对检测、检查、设计评价或服务评定等报告进行评价的活动；最后，认证机构必须有认证决定的活动。这三项基本要素是认证制度中必不可少的重要组成部分。

　　表 2-2 建议的前 6 种产品认证制度的要素组合方式，适用于硬件产品和流程性产品的认证，而最后一种产品认证制度的要素组合方式，适用于软件产品、服务和过程的认证。

在表 2-2 中,认证制度 1a 和 1b 是产品认证制度中最基本的认证形式,其主要内容就是对产品样品的特性指标的检测或评定。这两种认证制度基本结构相似,都包含取样、检测、评价、做出认证决定环节。然而,制度 1a 是对产品总体的抽样,可以具有显著的统计学特性,也可以不具有显著的统计学特性;而制度 1b 是以所有产品为基数进行抽样。制度 1a 的样品检验合格不能表示产品都合格,而制度 1b 的样品检验合格可以表示所代表的产品都合格,可以对样品所代表的每个产品颁发符合性证书。这种要素组合方式通常适用于确定批产品的认证,颁发的产品证书和允许使用认证标志只限定于该确定批产品,不适用于其他批产品和后续继续生产的产品。

在表 2-2 中,认证制度 2、认证制度 3 和认证制度 4 的组合方式基本相同,都包含取样、检测、适用时对过程或质量体系进行初次评审、评价、做出认证决定、颁发许可证和通过随机的抽样检测进行监督。这三种认证制度与认证制度 1a 和 1b 的主要区别是对从公开市场和生产工厂抽取的样品的检测或检查。认证制度 2 是从公开市场进行抽样,而认证制度 3 是从生产工厂进行抽样,认证制度 4 既从生产工厂进行抽样,又从公开市场进行抽样。从公开市场抽样比从生产工厂抽样更具实际意义,但也可能受到流通环节的影响,而且抽样成本会比在生产工厂抽样的成本高,抽样条件比在生产工厂抽样条件差。此外,认证制度 3 和 4 相对于认证制度 2,增加了对工厂生产过程评定的监督方式,以确定产品的生产过程对产品符合性的影响。

认证制度 5 是在认证制度 4 的基础上,增加了对组织的过程或质量体系的监督,认证制度 5 是最严格的一种要素组合方式,同时也是目前产品认证较为广泛采用的一种认证制度。认证制度 2、3、4、5 都有初次评价和监督评价,适用于证明组织持续生产产品的符合性。只要组织在认证范围内的产品能够保持与抽样批产品的一致性,在认证范围内的产品可以持续使用认证证书和认证标志。此外,认证制度 5 不仅包括从生产工厂、公开市场或从两者中抽取样品检测或检查,以及对生产过程的评定,还包括对产品的生产或提供组织的质量体系评定,从而确定产品生产或组织为持续提供符合要求的产品而建立了一个持续有效的质量体系,并且为持续监督提供了很大的灵活性。

认证制度 6 没有抽样和检测要素，是通过对过程或服务的评价来确定过程和服务的特性，适用时对质量体系进行初次评审，然后进行评价和做出认证决定，颁发许可证书和认证标志，并实施认证后的监督。这种要素组合方式适用于过程认证或服务认证，认证证书和认证标志可在认证范围内持续使用。

需要注意，由国际标准化组织和国际电工委员会提供的 6 种产品认证制度的形式，仅仅为众多产品认证制度的要素组合方式提供了建议，并不意味着产品认证只存在这 6 种形式。产品认证的形式可以根据产品认证的特性和对产品认证制度的使用需求等方面进行设计，而对具体的产品认证制度，考虑和确定要素组合方式时，都是针对产品的类型、认证的目的，考虑产品认证的可行性、经济性，有关利益方通过协商找到都可以接受的"平衡点"。

2.3 国外新能源发电并网认证

2.3.1 德国

德国新能源发展较早，是欧洲新能源装机规模最大、并网认证体系最健全的国家。德国注重新能源政策法规的导向作用，并根据发展实际适时调整。1991 年，德国出台《可再生能源购电法》，强制要求电力公司收购可再生能源电力。2000 年，《可再生能源法》代替《可再生能源购电法》，规定可再生能源可以优先接入电网。2009 年实施的《可再生能源法修正案》，提出了新能源并网必须提供并网认证证书，该法案要求已经并网运行但不能满足新并网导则要求的老旧机组，限期进行改造，必须通过认证，才能拿到财政补贴；新建新能源发电站必须通过并网认证，满足输电网导则和中压电网技术规范要求，才允许并网。

为了支持新能源并网认证工作的开展，尤其是结合当地风电大规模应用的实际情况，德国针对新能源并网制定了一系列的技术标准和规范，而且德国的技术规范要求高于国际电工委员会的标准。在标准的基础上，建立了完善的新能源发电并网检测认证制度，对新能源发电有明确的并网检测和认证规定，包括新能源发电单元的并网认证和大型新能源电站的并网认证等，以此保证新能源发电单元性能和新能源电站的运行特性满足系统安全稳定运行的要求。

德国新能源发电并网标准体系如图 2－1 所示。

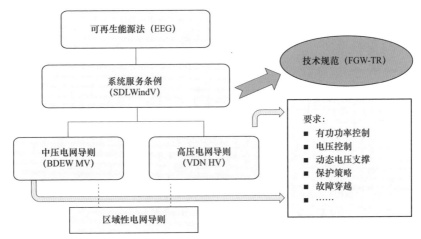

图 2－1　德国新能源发电并网标准体系

德国政府制定的《可再生能源法（EEG）》要求新能源发电并网满足《系统服务条例（SDLWindV）》以及中高压电网导则和区域性电网导则的要求，内容包括有功功率控制、电压控制、动态电压支撑、保护策略、故障穿越等。新能源发电单元在并网发电之前要向电网运营商提供由认证机构出具的并网认证证书。认证机构依照 FGW（Fördergesellschaft Windenergie und andere Erneuerbare Energien，德国可再生能源促进协会）的一系列技术规范（Technische Richtlinien）开展新能源发电单元的并网认证工作并提供发电单元的电气特性信息。

德国建立了规范的新能源并网认证制度，开展风电机组并网符合性检测及风电机组模型验证工作，确保风电场符合并网标准要求，德国政府强制认证流程如图 2－2 所示。在德国新能源电站从建设到并网运行的整个流程中，新能源电站自初期设计时就需要认证机构对其新能源电站的并网性能进行分析，并提交给电力公司。在新能源电站建成后，认证机构还会根据新能源电站最终建成的电气结构和设备，进行并网性能分析和现场设备检查，并对照并网导则的要求，判断新能源电站并网导则符合性，符合标准的新能源电站可并网运行并获得电价补贴。

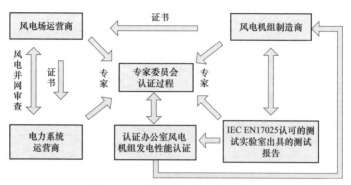

图 2-2 德国政府强制认证流程

德国新能源发电并网认证以可再生能源法和并网导则为依据，遵照 FGW TR-3、FGW TR-4 和 FGW TR-8 技术规范的要求，基于单机测试、建模及模型验证，从单机认证到新能源电站认证，形成了新能源电站并网认证的体系框架，如图 2-3 所示。其中 FGW TR-3 规定了风电机组测试的主要内容和测试方法，以及对测试设备的要求；FGW TR-4 规定了风电机组、新能源电站建模的要求和模型验证的方法；FGW TR-8 对风电机组整机认证、新能源电站认证的内容、流程和方法进行了规定，并在

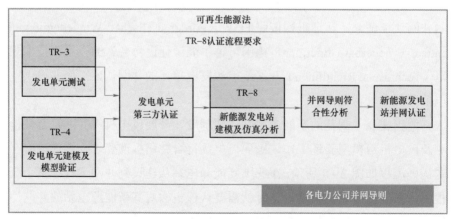

图 2-3 德国新能源电站并网认证体系框架

着手对新能源电站内的部件，如变压器、新能源电站控制器、开关等部件
设备的认证方法进行统一规定。

德国新能源发电并网认证流程如图2-4所示。单机获得认证是新能源
电站并网认证的基础，现场检查和建模仿真分析是新能源电站并网认证的
重要手段。其中，单机现场测试为新能源电站稳态特性计算分析提供数据
基础，模型验证为新能源电站暂态特性仿真分析提供建模基础。

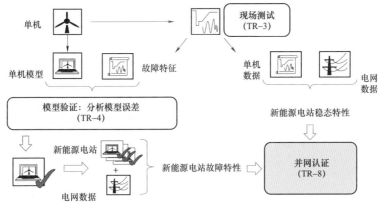

图 2-4　德国新能源发电并网认证流程

德国单机认证的内容包括风电机组/光伏逆变器的有功功率特性、频率
控制特性、无功功率特性、电能质量、低电压穿越能力与无功电流支持能
力等发电性能，这些发电特性由检测机构依据 FGW TR-3 对单机进行现
场测试来检验，测试完成后由认证机构依据 FGW TR-4 对单机的电气模型
精度进行验证，并出具模型验证报告，模型验证的方法是对模型仿真结果与
现场测试结果进行比较分析，模型通过验证后需检查是否符合 FGW
TR-4/FGW TR-8 技术规范的相关要求，认证结束最终获得单机并网认证证
书及通过验证的单机模型。德国单机认证过程如图2-5所示。

德国新能源电站认证过程如图2-6所示。新能源电站进行并网认证需
向认证机构提交申请，并提供单机的测试性能及单机认证证书和通过验证
的电气模型，认证机构对新能源电站进行建模仿真计算和现场检查，分析
证明新能源电站的并网性能符合并网导则的相关要求，并提供新能源电站
并网认证证书。

新能源发电并网评价及认证

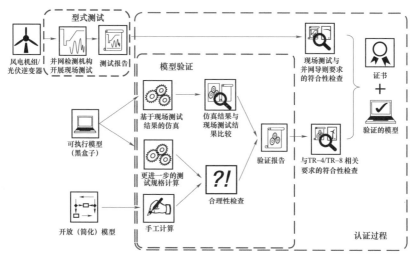

图 2-5　德国单机认证过程

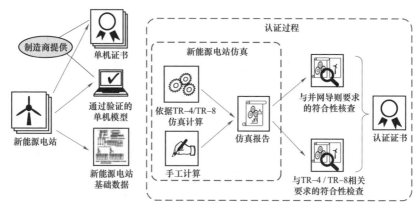

图 2-6　德国新能源电站认证过程

2.3.2　西班牙

西班牙从 1998 年正式发展风电项目，在过去的 20 余年里，西班牙通过采取一系列有力措施，风电行业从无到有再到强，不仅风电装机容量居世界前列，而且风电技术实现了长足发展，在促进风电大规模发展的同时，保障了电网的安全稳定运行。根据西班牙电网公司（REE）公布的数据，2016 年西班牙发电量中有 41.8%来自可再生能源，其中风电占比高达19.3%，水电占 14.6%，光伏占 3.1%，光热占 2.1%。非可再生能源发电量占比 58.2%，其中核电占 22.9%，天然气发电（含热电联产）占 21%，煤电占 14.3%，如图 2-7 所示。

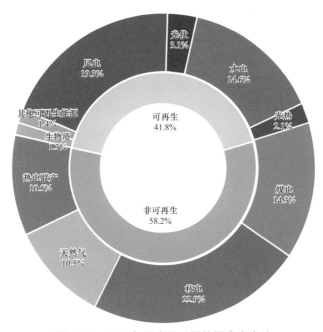

图 2-7 2016 年西班牙不同能源发电占比

西班牙在新能源发电消纳方面一直处于世界前列，其系统能平衡瞬间超过 50% 的风电，主要得益于其灵活的电源结构和有利的管理政策。西班牙制定了严格的新能源发电并网标准，有效保障了新能源大规模并网，但对新能源发电并网并不是无条件地支持，而是充分考虑电网稳定运行对新能源电站的要求，研究制定了严格的新能源发电并网技术标准并强制执行。西班牙的新能源发电并网技术标准不仅要求新装风电机组采用新技术和新控制系统，而且要求风电场必须为老旧风电机组更换新的控制系统，以满足并网技术要求从而保证风电场继续获得收益。新能源发电并网相关标准的施行，有效促进了风电机组制造企业的技术进步，尤其是显著提高了风电机组控制系统的技术水平，提高了电网对并网风电场的管控能力，确保电网在风电大规模并网后保持安全稳定运行。

2006 年 6 月，西班牙电网公司（REE）成立了世界上第一个新能源电力控制中心（CECRE）。CECRE 是国家电力调度控制中心（CE-COEL）

的下属运行部门，专门负责对全国新能源发电进行调度控制。西班牙法律要求风力发电公司必须成立实时控制中心，且所有装机容量在 1 万 kW 以上的风电场的实时控制中心必须与 CECRE 直接互联。这些控制中心负责每 12s 向 CECRE 上报有功功率、无功功率、电压、温度、风速等风电场运行数据，并根据 CECRE 的调度指令，调节风电出力，在 15min 内达到相关要求。为了维持系统稳定，在某些特定情况下，有权切除部分风电或要求风电场降出力运行。CECRE 的成立及成功运行，极大地提高了电网公司对风电的实时监控能力，有效降低了瞬时风电波动对电网的影响，确保了西班牙电网的安全运行。西班牙可再生能源调度组织管理体系如图 2-8 所示。

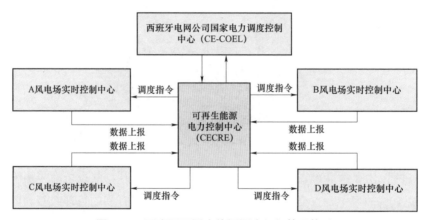

图 2-8　西班牙可再生能源调度组织管理体系

西班牙新能源电站并网认证服务关系如图 2-9 所示。西班牙政府规定自 2008 年 1 月 1 日起，全国的新能源电站必须符合《电力系统导则》（PROCEDIMIENTO DE OPERACIÓN 12.3，P.O.12.3）对新能源电站并网特性的要求，西班牙风能协会（AEE）针对该导则制定了对新能源电站并网特性进行测量、评估和认证的技术规程《针对 P.O.12.3 中风电场和光伏电站响应电压跌落事件相关要求的校验、验证、认证程序》（Procedure for Verification Validation and Certification of the Requirements of the P.O.12.3 on the Response of Wind Farms and Photovaltaic Plants in the Event of Voltage Dips，PVVC）。依据该规程，西班牙已完成全国已建新能源电站的并网认证工作，并为新建新能源电站的并网运行构建了良好的电网环境。

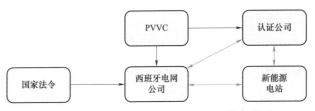

图 2 - 9 西班牙新能源电站并网认证服务关系

西班牙风电场并网认证流程有两个选项，包括一般流程和特殊流程，具体流程如图 2 - 10 所示。一般认证流程主要基于模型验证和风电场仿真；特殊认证流程基于现场测试。风电场运营商可以在一般流程和特殊流程中进行选择，如果风电场有必要按照一般流程进行认证，则设备制造商有义务提供相关电气仿真模型。

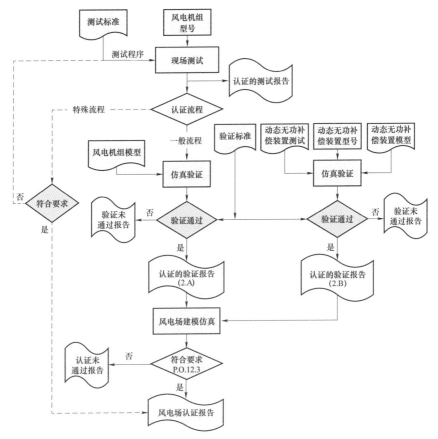

图 2 - 10 西班牙风电场并网认证流程图

2.3.2.1 一般认证流程

西班牙风电场并网的一般认证流程主要验证风电场两部分的特性，首先风电场在规定的电压跌落下要保持与电网的连接，其次风电场以及场内的设备要满足《电力系统导则》P.O.12.3 的各项相应要求。主要工作包括：风电机组和/或动态无功补偿装置性能测试；风电机组和/或动态无功补偿装置模型验证；风电场并网符合性仿真评估。

在上述工作完成后，风电场将获得三个报告：认证的测试报告、认证的模型验证报告和风电场认证报告。

（1）认证的测试报告。测试报告内容包括现场试验及测量结果，用以验证风电机组和动态无功补偿装置在电压跌落期间的响应特性。

对于动态无功补偿装置，如果设备制造商的实验室测试条件与现场的测试条件类似，也可在实验室进行测试。当动态无功补偿装置包含在风电机组内部时，则只对风电机组进行测试。

在测试工作完成后，由认可的实验室对测试结果进行验证，并按照 PVVC 规定的报告格式颁发认证的测试报告。对于动态无功补偿装置，如果采取的实验室测试，测试结果也由认可的实验室进行验证。

（2）认证的模型验证报告。根据 PVVC 规定的测试要求，需要建立风电机组和/或动态无功补偿装置的仿真模型，模型的有效性必须通过采集和认可的现场测试结果进行验证。验证方法是将现场试验的测量结果与模型仿真再现的仿真结果进行比较分析。在模型验证工作完成后，由认可的实验室颁发认证的模型验证报告，该认可的实验室可以是进行现场测试的检测机构或其他认可机构。

认证的模型验证报告分为：风电机组模型验证报告（2.A）和动态无功补偿装置模型验证报告（2.B）。

（3）风电场认证报告。风电场内所有动态元件（风电机组和/或动态无功补偿装置）的仿真模型通过验证后，则可用于建立风电场的仿真模型，对风电场的并网特性进行仿真计算。根据模型仿真结果，由认可的实验室对风电场并网符合性进行认证，并颁发风电场认证报告。

西班牙新能源电站并网认证一般流程的认证过程如图 2-11 所示。

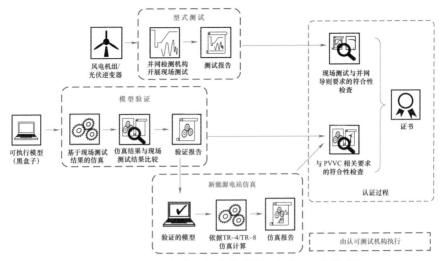

图 2−11 西班牙新能源电站并网认证方法（一般流程）

2.3.2.2 特殊认证流程

特殊认证流程通过在现场直接测试新能源电站的动态特性来评估新能源电站的并网符合性，不需要模型验证和新能源电站仿真。因此特殊认证流程中的现场测试条件和要求相比一般认证流程更加严格。

目前，西班牙风电场并网特殊认证流程主要考核风电机组的低电压穿越能力，以及电压跌落过程中风电机组的有功和无功的动态响应特性是否符合 P.O.12.3 的要求。现场测试的电压跌落设备采用阻抗分压式的电压跌落发生装置，其单线结构如图 2−12 所示。

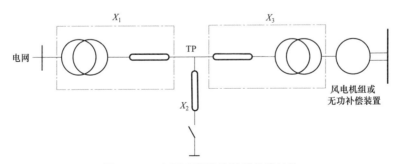

图 2−12 电压跌落发生装置单线结构

风电机组现场测试运行点和测试项目分别见表 2−3、表 2−4。测试运行点包括轻载和重载；测试项目分为4项，包括轻载、重载运行下的三相电压跌落测试和轻载、重载运行下的两相电压跌落测试。这是风电机组现场测试的基本要求，用于模型验证的现场测试（一般认证流程）和直接验证对P.O.12.3要求符合性的测试（特殊认证流程）都需要遵循。

表 2-3 测 试 运 行 点

负载情况	有功出力	功率因数
轻载	$10\% \sim 30\% P_n$	0.9（感性）～0.95（容性）
重载	$>80\% P_n$	0.9（感性）～0.95（容性）

表 2-4 测 试 项 目

序号	运行点	电压跌落类型
1	轻载	三相
2	重载	三相
3	轻载	两相
4	重载	两相

对于特殊认证流程，风电机组现场测试满足以下要求，则测试有效，即认可测试结果能够有效验证风电机组并网特性符合P.O.12.3的要求。

（1）对于同一测试项目（表2-4中任一测试项目），在连续的三次电压跌落测试中，风电机组保持并网运行。如果同一测试项目，在前三次连续的测试中风电机组发生至少一次跳闸，若在后续的连续四次测试中风电机组能够保持并网，则测试也视为有效。如果在最后的一系列测试中仍发生跳闸，则测试无效。

（2）对于每项测试，测试前的有功功率和无功功率运行点必须满足表2-3对轻载和重载的规定。

（3）表2-5为特殊认证流程中风电机组现场测试的电压跌落规格和持续时间要求。针对测试点的短路容量有所区分，当测试点的短路容量大于或等于被测风电机组额定功率的5倍时，电压跌落特性必须通过空载测试确定，否则，必须通过负载测试来确定。

表 2−5　　　　　　　　　　　　　电 压 跌 落 特 性 要 求

测试点短路容量	电压跌落类型	电压跌落规格	电压跌落容差（U_{TOL}）	跌落时间（ms）	跌落时间容差（T_{TOL}，ms）
$\geqslant 5 \times P_n$	三相（空载）	$U_{res} \leqslant (20\% + U_{TOL})$	+3%	$\geqslant (500 - T_{TOL})$	50
	两相相间（空载）	$U_{res} \leqslant (60\% + U_{TOL})$	+10%	$\geqslant (500 - T_{TOL})$	50
$< 5 \times P_n$	三相（有载）	$U_{ef(1/4)} \leqslant (20\% + U_{TOL})$	+3%	$\geqslant (500 - T_{TOL})$	50
	两相相间（有载）	$U_{ef(1/4)} \leqslant (60\% + U_{TOL})$	+10%	$\geqslant (500 - T_{TOL})$	50

注　表中 $U_{ef(1/4)}$ 为故障期间每 1/4 周期更新一次的电压有效值；U_{res} 为电压跌落的残压，取值为故障期间 $U_{ef(1/4)}$ 的最小值。

P.O.12.3 对电压跌落过程定义了三个区，如图 2−13 所示。对于 A、B、C 三个区，风电机组的功率和能量交换需要满足不同的要求，具体见表 2−6和表 2−7。

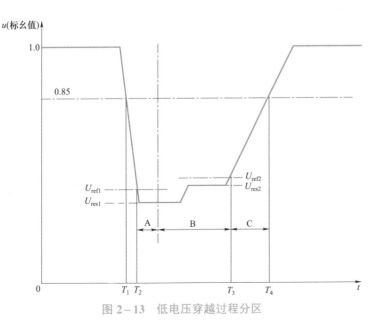

图 2−13　低电压穿越过程分区

表 2-6　　　　　　　　　　三相故障功率和能量交换要求

三相故障	P.O.12.3 要求（标幺值）
A 区	
无功功率 $Q < 15\% P_n$（20ms）	-0.15
B 区	
有功功率 $P < 10\% P_n$（20ms）	-0.1
无功功率 $Q < 5\% P_n$（20ms）	-0.05
无功电流与总电流比的平均值 I_r / I_{tot}	0.9
C 区扩展（$T_3 + 150$ms）	
无功电流 $I_r < 1.5 I_n$（20ms）	-1.5

表 2-7　　　　　　　　　　两相故障功率和能量交换要求

两相故障	P.O.12.3 要求（标幺值）
B 区	
无功电量 $E_r < 40\% P_n \times 100$ms	-40ms
无功功率 $Q < 40\% P_n$（20ms）	-0.4
有功电量 $E_a < 45\% P_n \times 100$ms	-45ms
有功功率 $P < 30\% P_n$（20ms）	-0.3

2.3.3　英国

英国国家电网公司发布了并网导则，对包括新能源发电在内的发电站提出要求，从电站的规划设计、接入电网的技术要求、并网认证要求、运行控制要求等方面进行规定，使电站从初期规划到建设、运行都有标准依据。

（1）主要认证环节。英国新能源并网认证体系的建立、内容要求和认证实施均由电网公司执行。并网认证流程规整、范围全面。并网认证从发电场站的设计阶段开始，包括启动运行认证、临时运行认证、最终运行认证和有限运行认证 4 个阶段，各阶段的关系如图 2-14 所示。

1）启动运行认证。在发电站设计阶段，依据设计数据和预测数据对发电站进行初步认证，启动运行认证完成后方可开始发电站建设。

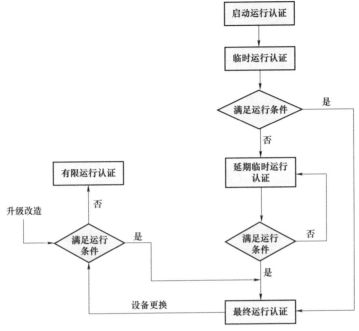

图 2-14　英国新能源发电并网认证环节

在启动运行认证阶段需要提交的资料包括电站规划数据、继电保护设置、绝缘/接地等安全设计、接入点运行示意图、电站名称、联系人员及电网等相关信息。

2）临时运行认证。发电站建成后，在允许并网之前，依据更新的数据和仿真分析开展临时运行认证，获得临时运行认证后，电站可以并网发电，但需限制发电量。

新能源电站获取临时运行认证需要开展的工作包括提供更新后的电站数据、进行接入电网仿真分析并提供分析报告、详细的测试计划安排、并网导则符合性声明或并网导则符合性自认证，电网公司根据以上信息进行分析，符合要求后向电站发布临时运行认证证书，电站并网发电。临时运行认证证书是有期限的，并会限制发电量。模型仿真方面，需要给电网公司提供风电机组和光伏逆变器正常控制和低电压控制框图及参数、保护逻辑及参数，以及发电机、气动特性等物理参数，并提供仿真模型，模型需与测试数据进行对比验证。新能源电站需提供接入系统仿真分析报告，仿真分析内容包括系统潮流和无功电压仿真分析、低电压穿越性能仿真分析、电压控制能力仿真分析等。

3）最终运行认证。在并网发电后，通过测试、分析等手段对并网导则要求的所有内容进行最终运行认证，获得最终运行认证证书后，电站可正常并网发电。

获得最终运行认证的主要前提是进行并网检测。新能源电站检测内容包括无功容量测试、电压控制测试、有功/频率控制测试。除完成检测外，发电站还需提供更新的电站数据资料及最终的并网导则符合性声明或并网导则符合性自认证。电网公司通过分析发电站的数据资料、并网检测结果和发电单元的检测结果，对发电站的并网性能进行评价和认证。

4）有限运行认证。若因发电站内的设备更换或电网环境改变导致发电站无法满足并网导则要求，发电站需限时进行升级改造，如果 84 天后发电站仍然不满足并网导则要求，认证机构对发电站实施有限运行认证。

有限运行认证的期间一般不超过 12 个月。在有限运行认证期间通过数据资料更新、现场检测和仿真分析，电网公司对新能源电站重新进行认证，满足并网导则要求后，颁发最终运行认证证书。

英国发电站运营商和电网公司在并网认证过程中的工作流程如图 2 - 15 所示。

（2）发电单元并网认证。英国的新能源电站并网认证实施流程中，除对电站进行并网认证外，还会对发电单元进行并网性能认证，主要是对检测报告和模型进行分析和管理，并通过保存和发布单机登记信息的方式，对已完成检测和模型验证的发电单元信息进行管理和利用。

进行发电单元并网性能认证时，发电单元制造商与电网公司直接联系，而不是通过电站并网认证项目经过电站运营商联系。发电单元制造商与电网公司双方签订保密协议后，提交相关资料。适用于发电单元并网认证的项目包括低电压穿越能力、无功容量、电压控制、频率控制、风电场/光伏电站的数学模型、短路特性等。其中前四项通过现场测试进行评价，后两项用于新能源电站的仿真分析。对于前四项的测试，制造商要提交测试报告和相关数据，电网公司可能会见证部分或全部测试。为建立新能源电站

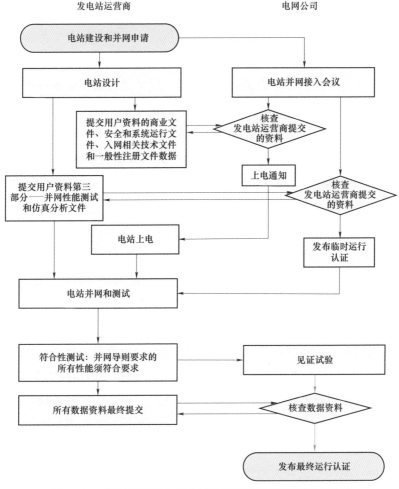

图 2-15　英国新能源发电并网认证发电站和电网工作流程

的模型并分析短路特性，发电单元制造商要提供发电单元和控制系统的数学模型。同时，模型要与低电压穿越测试、电压控制测试和频率控制测试数据进行对比验证。

英国电网公司要求发电单元进行并网认证，但发电单元的并网认证并不代表发电站满足并网导则的要求，而是表明发电单元在一定范围内有能力达到并网导则的要求。

（3）新能源电站仿真分析。根据并网认证流程，在电站提交并网认证申请、电站相关数据资料，启动并网认证后，要对新能源电站进行并网仿真分析，在完成稳态无功电压特性仿真分析、电压控制能力仿真分析和故障穿越性能仿真分析后，电网公司方可发放临时运行认证证书。

新能源电站仿真分析的前提是发电单元模型经过测试数据对比验证，包括故障穿越、电压控制、频率控制特性的仿真验证。整站模型验证也可通过发电站的电压控制测试数据进行验证。

英国并网导则要求新能源电站并网点的电压偏差在±5%额定电压以内，通过稳态无功电压特性仿真分析，核实新能源电站并网点电压稳定性。一般进行两个潮流计算分析。

1）发电站并网点电压为105%额定电压时，电站满发，提供最大感性（滞后）无功时的潮流特性。

2）发电站并网点电压为95%额定电压时，电站提供最大容性（超前）无功时的潮流特性。

并网导则要求发电站具备自动电压控制能力。受系统电压稳定的限制，如果现场检测不能实现新能源电站从单位功率因数到最大功率因数的调节能力测试，则需要通过单机测试和仿真分析进行整站的电压控制能力认证。仿真分析的手段是通过设置电压变化分析电站发出最大感性无功、最大容性无功时的无功响应性能，以及通过电压控制指令变化仿真分析电站的电压控制能力。

故障穿越能力仿真也是新能源并网认证的重要环节之一。英国电网公司允许在发电单元完成故障穿越能力检测后，通过简化的故障工况仿真分析新能源电站的故障穿越能力。

（4）发电站并网符合性测试。新能源电站在获得临时运行认证后可并网运行，并开展并网符合性测试，测试全部完成并经电网公司确认符合并网导则要求后，发放最终运行认证证书。主要测试内容包括无功容量测试、电压控制测试、频率响应性能测试。英国电网公司规定了详细的测试项目和测试步骤，并提出了测试结果的符合性评价指标。

（5）获证后监督。在发布最终运行认证后，电网公司会一直监督电站的运行特性，称为"获证后监督"。在电站获得并网认证后的运行期间，若出现不符合要求的并网运行特性，电网公司要求电站进行整改，整改后问题解决，则认证依旧有效；若出现问题 1 个月后仍没有解决，电网公司发放有限运行认证，并针对存在的问题进行整改后测试；在 3 个月时间内整改并测试后满足并网导则要求，则更新测试报告和模型，发放最终运行认证证书，若仍不满足要求，则会给出最后期限，对电站的运行寿命进行折减，或给出有限运行认证。电站出现不符合项后的认证流程如图 2－16 所示。

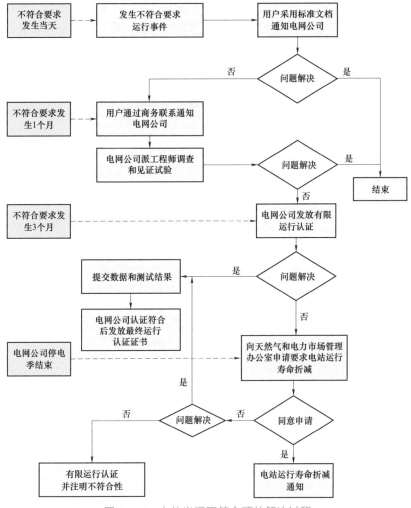

图 2－16　电站出现不符合项的解决过程

2.4 中国新能源发电并网认证

2.4.1 认证目的

为了满足新能源并网发电管理的新需求、解决新能源发电并网特性不明的新问题、保障清洁低碳电力的新供给，需要从新能源发电并网供给侧着手，对新能源发电并网特性进行规范和指导。目前，国外新能源发电渗透率高的国家已经充分认识到新能源发电并网认证的必要性和重要性，并形成了从单机到场站、从输电到配电、行政手段和经济激励相结合的认证管理体系，保障新能源发电的并网安全。同时，欧洲输电网运营商组织（European Network of Transmission System Operators for Electricity，ENTSO-E）已发布欧洲统一的并网标准和认证准则，新能源发电并网认证将成为未来国际通行的新能源发电并网管理手段。

因此，借鉴这些国家新能源发电管理方面的成功经验和办法，从新能源发电并网供给侧入手，以新能源发电接入电力系统技术标准为实践依据，以新能源发电的现场测试为评价手段，以新能源发电的并网认证为管理目标，建立集"标准、检测、认证"于一体的新能源发电并网评价和认证体系。

新能源发电并网认证的建立，满足了新能源发电并网安全性的新需求，提供了新能源发电并网管理的新技术，适应了新能源发电并网发展的新常态。此外，新能源发电并网认证满足了新能源发电的安全高效并网的运行需求，匹配了中国新能源发电行业由注重"量"到注重"质"的转变需求，响应了中国新能源高比例并网发电管理机制的建设需求。

在保障新能源发电的安全高效并网方面，机遇与挑战共存。大规模新能源发电并网运行对电力系统安全稳定运行、电能质量均带来了一定影响，导致局部地区发生了大面积新能源发电单元脱网事故，甚至威胁到电网的安全稳定运行。在 2006 年发生的"11·4"大停电事故中❶，欧洲西部地区

---

❶ "11·4"大停电事故：2006 年 11 月 4 日受到德国北部输电网事故的影响，欧洲西部地区发生大面积输电中断，累计损失负荷 17GW。事故中脱网的风电容量占总脱网发电容量的 40%，并且 60%的并网风电在电网频率下降后立即脱网。

风电机组大范围脱网加剧了电网频率恶化，最终导致西欧地区互联电网大面积停电，约有 4600 万人受到停电事故的影响。2011 年，中国西北、华北等地区发生的多起风电机组大面积脱网事故，主要是由于风电机组不具备低电压穿越能力而脱网导致的。国内外发生的新能源发电单元大规模脱网事故，究其根本原因，是新能源发电供给侧的并网管理办法缺失，新能源发电并网性能良莠不齐，从而为新能源发电单元大面积脱网事故的发生埋下安全隐患。

新能源发电并网认证是从新能源发电供给侧入手对新能源发电并网特性进行合格评定。这不仅是新能源发电供给侧的基本管理方法，也是新能源发电并网特性的典型评定方法，可保证新能源发电安全高效并网，更可满足新能源发电并网供给侧管理的需求。

从 2005 年《中华人民共和国可再生能源法》[●]颁布以来，以风力发电和光伏发电为主的新能源开发利用进入了发展快车道。

新能源发电并网认证将成为新能源发电并网管理的重要抓手，并且将对中国新能源发电行业从注重规模到注重效益、从注重速度到注重质量、从注重装机到注重并网的结构转变提供助推力，从新能源发电供给侧着力，促进新能源发电行业的快速发展和进步。

在加快适应新能源高比例并网发电管理机制的建设方面，创新与协调发展并重。此外，2016 年国务院发布的《"十三五"国家战略性新兴产业发展规划》明确提出，将加快构建适应新能源高比例发展的电力体制机制、新型电网和创新支撑体系，加快形成适应新能源高比例发展的制度环境。新能源发电并网认证，是创新发展新能源发电并网供给侧管理技术的实际需求。

新能源并网认证的建立，一方面，充分发挥认证管理政策的引导功能，从供给侧引导新能源发电的有效供给，并且推动从"规模优先"到"质量优先"的发展模式转变，提高新能源利用效率，做强新能源发电行业；另一方面，充分发挥认证管理政策的调控功能，从供给侧调控新能源发电的

● 《中华人民共和国可再生能源法》：由中华人民共和国第十届全国人民代表大会常务委员会第十四次会议于 2005 年 2 月 28 日通过，自 2006 年 1 月起施行。

供给质量，扩大并网质量高的有效供给，压缩并网质量差的低端供给，实现优质供给优先消纳、低端供给延后消纳的精细化管理，做优新能源发电行业。

2.4.2 认证模式

新能源发电并网认证以认证管理为技术手段，对新能源发电并网特性与国家标准和技术规范要求的符合性进行评定考核，并且在评定考核合格后颁发并网认证证书。通过这种认证管理制度，可以规避新能源发电并网安全隐患，保障电网安全消纳新能源。

新能源发电并网认证的依据是国家标准和相关技术要求，这里主要指国家标准《风电场接入电力系统技术规定》（GB/T 19963—2011）、《光伏发电站接入电力系统技术规定》（GB/T 19964—2012）。这些国家标准是新能源发电并网认证的基础。只有符合标准的新能源电站才能通过新能源发电并网认证，没有达到标准要求的新能源电站则无法通过新能源发电并网认证。因此，标准是判定认证新能源电站并网特性是否符合要求的准绳，认证活动的各项程序都依照标准的要求而展开，没有标准就不能开展认证工作。

新能源发电并网认证的目的是证明新能源发电并网特性与国家标准的符合性，主要指新能源发电并网特性是否符合国家标准的要求，这是新能源发电并网认证的立足点，这也是新能源发电方和电网运营方最关注的问题。因此，新能源发电并网认证的核心是新能源发电并网特性的符合性，认证活动的任何程序都是为了证明新能源发电并网特性与标准要求的符合性。

传统新能源产品认证一般采用"型式试验+工厂审查"的认证模式，但是新能源发电并网认证并不完全适用于此认证模式。为准确反应新能源发电并网认证实施过程中的关键技术指标和重要时间节点，新能源发电并网认证宜采用"现场检查+仿真分析+现场测试+获证后监督"的认证模式，如图2-17所示。

（1）现场检查。新能源电站建设完成后，向认证机构提交认证申请和审核材料，为现场检查工作提供依据。现场检查工作是认证的基础。新能源电站现场检查的目的是核实现场安装的关键设备是否与型式试验报告一

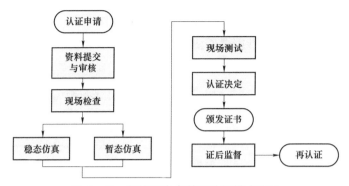

图2-17　新能源发电并网认证模式流程

致，通过实地检查全面掌握新能源电站的整体配置情况，对于实际情况与报告描述不符的，要求电站限期整改。新能源电站检查内容包括风电机组/光伏发电单元的低电压穿越和电网适应性测试、评估报告；变压器参数、出厂试验报告；无功补偿设备参数、型式试验报告；继电保护、调度自动化、通信等二次设备运行情况等。

（2）仿真分析。现场检查完成后，对新能源电站进行稳态仿真和暂态仿真。仿真是利用模型复现实际电站的运行过程，稳态仿真用于评估新能源电站并网运行对系统潮流和电压水平的影响，确定电站的无功需求，为新能源电站无功容量评价提供依据，避免无功容量配置不够或配置过剩。暂态仿真是利用通过模型验证的风电机组/光伏发电单元模型建立新能源电站的详细仿真模型，验证新能源电站的故障穿越能力是否满足标准要求。新能源电站仿真需要采用详细模型，以最大程度反映新能源电站的实际配置情况，包括风电机组/光伏发电单元、变压器、集电线路、无功补偿设备、送出线路、继电保护和集中控制系统等，各种电气设备的模型参数应是设备的实际参数或者等效值。

（3）现场测试。新能源电站并网运行后，开展现场测试工作。现场测试的目的是测试整个新能源电站的功率控制能力和电能质量与《风电场接入电力系统技术规定》（GB/T 19963—2011）、《光伏发电站接入电力系统技术规定》（GB/T 19964—2012）的符合性。测试项目主要包括有功功率变化、有功功率设定值控制、无功补偿装置的暂态响应特性和调节能力、无功容量、电压调节能力、闪变及谐波等。这就好像生产出一款智能机器人，需要测试它的各种性能是否满足要求，如是否按照既定指令行动、反应的灵敏性和行动结果的好坏。

（4）获证后监督。当现场检查、仿真分析、现场测试满足要求后，认证机构颁发认证证书，并在证书有效期内持续监督。在前期一系列工作顺利完成后，认证机构根据现场检查、仿真分析、现场测试的结果，对新能源电站的并网特性是否满足标准要求进行评价，对满足要求的电站颁发认证证书。在证书有效期内，认证机构定期开展监督，确保电站的并网性能持续满足标准要求。

在新能源发电运行和管理领域内，新能源发电并网认证作为全新的并网管理技术手段，将会在新能源发电供给质量和效率管理、新能源发电高效安全并网保障、新能源发电标准检测认证体系建设、新能源发电并网监督等方面发挥显著的作用。

（1）新能源发电方是电力交易的供给方，则新能源发电并网认证也可看作是新能源发电供给侧管理的技术手段，响应了国家关于供给侧结构性改革的发展需求。新能源发电并网认证作为新能源发电供给侧管理的技术手段，可从新能源发电供给侧入手，引导新能源发电的有效供给和高端供给，提高供给效率、优化供给结构。同时，新能源发电供给侧管理，也可调控新能源发电的供给质量，压缩并网质量差的低端供给，扩大并网质量高的有效供给，分类实施新能源发电并网的精细化管理，建设新能源发电并网管理新模式。

（2）新能源发电并网认证以规范新能源发电并网性能为目标，依据GB/T 19963、GB/T 19964，对新能源电站的并网性能与国家标准要求的符合性进行测试和评定。目前，现场测试工作主要是针对风电机组、光伏逆变器的单体设备产品性能，但仍存在无法全面评价新能源电站整体并网性能的不足，无法确定并网安全性和高效性。为了弥补这项不足，新能源发电并网认证可全面评价新能源电站整体并网性能，保障新能源发电安全高效并网。

（3）新能源发电并网认证是响应《可再生能源发展"十三五"规划》提出的完善可再生能源标准检测认证体系的要求，从新能源电站层面，围绕国家标准要求，评定新能源电站并网性能与国家标准要求的符合性。目前，中国在新能源领域的认证工作主要集中在风电机组、光伏逆变器等单机设备层面，缺少对于新能源电站并网性能的认证制度。为填补这项空白，立足于现有新能源发电的国家标准，建立针对新能源电站并网性能评价的新能源并网认证制度，与现有的发电设备产品认证相结合，形成从单台设备到电站层面、从设备质量到并网性能的新能源发电认证体系。

（4）新能源发电并网认证制度的建立，将新能源发电并网特性与国家标准的符合性工作转移到第三方认证机构，有助于建立健全统一的新能源发电行业监管和评审程序。行业主管部门可通过对认证机构的资质管理达到对整个行业的全面监管，降低了监管成本，并提高了监管的有效性。

因此，新能源发电并网认证，应紧紧围绕"标准、检测、认证"的发展主线，立足新能源发电并网的标准要求，创新新能源发电并网性能的检测技术，完善新能源发电认证体系，逐步形成以标准为基础、以检测为手段、以认证为目的的全方位、立体化新能源发电并网管理体系。

2.4.3　并网认证和型式认证

《可再生能源发展"十三五"规划》明确提出，要"完善可再生能源标准检测认证体系"。这不仅是对新能源发电认证机构行使认证这一基本职能提出的更高要求，也是在新能源发电领域推动开展新能源发电并网认证的新机遇，更是在能源结构转型的战略总布局下赋予新能源发电认证机构的新的历史使命。完善可再生能源标准检测认证体系，不仅要立足于现有新能源发电并网认证工作，更要准确理解当前清洁能源发展形势下完善可再生能源标准检测认证体系的重大意义，确保可再生能源标准检测认证体系的建设与完善工作沿着正确的方向开展。

现阶段，中国在新能源发电领域已建立了风电机组、光伏发电的型式认证制度。在风电机组型式认证方面，国家能源局于2014年下发《国家能源局关于规范风电设备市场秩序有关要求的通知》，要求按照《风力发电机组合格认证规则及程序》（GB/Z 25458），对风电机组及其风轮叶片、齿轮箱、发电机和变流器等关键零部件进行型式认证。在光伏发电型式认证领域，中国质量认证中心响应国家能源局等政府机构提出的光伏发电产品

"领跑者"认证计划，依据中国质量认证中心（CQC）标准《光伏发电产品"领跑者"认证计划通则》（CQC33—407660）、《光伏发电并网逆变器技术规范》（NB/T 32004）等相关标准和规则，围绕产品的效率、环境适应性及耐久性构建"领跑者"先进技术指标评价体系，对光伏组件、光伏电气设备和关键辅材光伏背板进行型式认证。

这些已有的认证制度是针对特定型号的新能源发电设备产品，主要着重于解决风力发电和光伏发电设备的产品设计、运行安全、转换效率和产品质量问题，较少关注新能源发电并网特性，也没有建立新能源接入电力系统的发电并网认证制度，导致新能源发电的认证体系不完善、不完备。

因此，新能源发电并网认证制度的建立，将解决新能源发电接入电力系统的并网认证问题，可作为新能源发电认证领域的重要补充，完善现有新能源发电认证体系。

图 2—18 为新能源发电认证体系的结构示意图。可见，新能源发电并网认证是新能源发电认证领域的必要环节，是对现有新能源发电产品型式认证的重要补充。新能源发电型式认证解决的是新能源发电单机设备的运行效率、运行安全和产品质量问题，可为新能源发电设备的产品质量提供保障，而新能源发电并网认证解决的是新能源发电的并网特性问题，可为新能源发电并网管理提供技术指导。

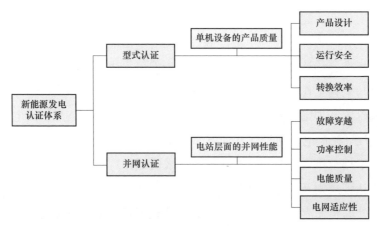

图 2—18　新能源发电认证体系的结构示意图

从电力系统运行角度来看，新能源发电并网认证是从新能源发电供给侧入手，实施供给侧管理以优化供给侧输出特性，解决新能源发电并网从低端低效供给到高端高效供给转变的结构性问题。从认证体系建设完善角度来看，新能源发电并网认证已与以风电机组、光伏逆变器为基础的新能源发电设备型式认证，共同构成了新能源发电领域从单机设备到电站层面、从产品质量到并网特性的完整认证体系。

表 2-8 对比了新能源发电型式认证和并网认证在认证目的、认证对象、获证条件等方面的差异。

表 2-8　　　　　　新能源发电型式认证和并网认证的异同

项目	新能源发电设备型式认证	新能源发电并网认证
认证目的	证实新能源发电产品设备满足规定的标准和技术规范要求	证实新能源发电并网特性满足规定的标准和技术规范要求
认证对象	特定型号的产品	特定新能源电站
获证条件	设备产品特性符合规定的产品标准及技术规范要求	并网发电特性符合规定的并网标准及技术规范要求
证明方式	许可证、产品认证证书和产品认证标志	认证证书和并网认证标志
证明使用	证书不能用于产品，认证标志可用于获证的产品和包装上	证书和认证标识可用于新能源发电特性的说明和正确的宣传

首先，新能源发电型式认证的目的是确保设备厂家生产的产品符合相关的产品标准和技术规范，确保新能源发电产品的质量合格，保障新能源发电产品购买方的利益；新能源发电并网认证的目的是确保新能源电站输出的电能符合并网标准和技术规范，确保新能源电站并网性能合格，保障新能源发电电量购买方的利益。因此，新能源发电的型式认证和并网认证是两类服务对象不同、具有不同功能的认证，不能相互替代。

其次，新能源发电型式认证的对象是实际存在的产品设备，属于产品认证范畴，根据《风力发电机组合格认证规则及程序》（GB/Z 25458—2010）、《风力发电机组认证实施规则》（CQC34-46113—2015）等相关标准和规则，对特定型号的新能源发电设备产品进行认证；新能源发电并网认证的认证对象为无形的新能源电站并网特性，归属于服务认证的范畴，根据《风电场接入电力系统技术规定》(GB/T 19963—2011)、《光伏发电站接入电力系统技术规定》(GB/T 19964—2012)等相关标准和规则,对特定的新能源电站并网特性进行认证。

最后,新能源发电型式认证是从单机层面解决了发电单元产品质量的合格评定问题,而新能源发电并网认证则是从新能源电站供给侧解决了新能源电站并网特性的合格评定问题,并实现新能源发电认证领域从单机设备到电站层面、从产品质量到并网特性的拓展。也就是说,新能源发电型式认证是并网认证的必要前提,同时新能源发电并网认证则是型式认证的重要升华。尽管新能源发电型式认证和并网认证作为两个不同的认证制度,但二者却在新能源发电认证体系形成了良好的互补。

新能源发电并网认证的建立,一方面,解决了新能源电站接入电力系统的并网性能评定问题,形成了以新能源发电并网性能为目标导向的管理机制,为建立新能源绿色证书交易夯实了基础;另一方面,填补了中国在新能源发电并网认证领域的制度空白,完善了从单机设备到电站层面、从设备质量到并网性能的新能源发电认证体系,为完善适应新能源高比例发展的管理制度提供了方案。

2.4.4 并网认证和安全性评价

新能源并网安全性评价适用于单机容量 500kW 级以上并网运行的新建、改建和扩建新能源电站,已投入运行的新能源电站应当定期进行并网安全性评价,周期不超过 5 年。而新能源并网认证目前属于自愿性认证,理论上任何并网运行的风电场和光伏发电站均可申请,认证结果对大规模集中接入电网的新能源电站更有实际意义。电站获证期间,认证机构将持续监督其并网特性,获证 5 年后,电站需申请再认证。

新能源并网安全性评价,需在新能源电站建设完成前提出申请。根据与电力调度机构签订的《并网调度协议》及相关并网运行试验项目,依次对包括新能源电站建设手续流程、风电机组并网性能、站内一次设备及二次设备进行评价。新能源并网安全性评价包含必备项目和评价项目。

新能源并网安全性评价的必备项目包含并网手续流程、风电机组性能,风电场一次设备及二次设备评价。首先,通过查阅立项审批文件、并网调度协议等文件资料，评价并网手续流程是否完备。其次，通过查阅风电机组技术说明书、调试报告及电能质量和低电压穿越能力测试报告，明确风电机组并网运行特性，并评价其运行特性。再次，查阅变压器、互感器、断路器等设备的试验报告及设计资料，评价风电场内部一次设备的性能。最后，查阅继电保护、安全自动装置等相关文档及资料，评价风电场内部二次设备的性能。

新能源并网安全性评价的评价项目包含三项：① 电气一次设备，包括风力发电机组、风电场高压变压器、高压配电装置是否满足相关要求，风电场过电压保护、接地装置、涉网设备外绝缘是否满足相关要求；② 电气二次设备，包括继保及安自装置、通信系统、调度自动化系统、直流系统是否满足相关要求；③ 安全管理，包括风电场安全管理规则制度是否满足相关要求。

新能源并网认证从新能源电站设计阶段开始，涵盖设计认证、并网前认证、并网后认证及后续监督等管理过程，评价手段包含文件审核、现场检查、模型仿真、现场测试和获证后监督，首次认证持续时间为 2～3 个月。

新能源并网认证不仅评估单台风电机组或光伏逆变器的并网发电特性，还能够对整个新能源电站在真实电网结构下的故障穿越能力、功率控制能力、电能质量、电网适应性、无功电压、二次系统等性能进行系统全面的评价。相对于新能源并网安全性评价，新能源并网认证涵盖的内容更加广泛。

新能源并网认证的文件审核和现场检查基本涵盖了新能源并网安全性评价的工作内容。文件审核的主要内容为审核相关的核准文件、风电机组和光伏逆变器的检测报告、评估报告和模型验证报告，审核风电机组、光伏逆变器和无功补偿装置的仿真模型。现场检查的主要工作内容是现场查看新能源电站的一次设备参数与提交材料的一致性，二次设备的配置及运行情况是否满足相关标准的要求等。

新能源并网认证的模型仿真包括稳态仿真和暂态仿真两部分，这部分内容新能源并网安全性评价并不涉及。稳态仿真旨在评估新能源电站并网运行对系统潮流和电压水平的影响，确定电站无功需求，为新能源电站无功容量评价提供依据。暂态仿真旨在验证电站的故障穿越能力是否满足标准要求。通过模型仿真，可以准确模拟周边风电场和所处电网环境对被评估电站运行特性的影响，精确反映电站在真实电网情况下的并网特性，尤其适用于中国"三北"地区大规模风电场集中接入电网的情况。

在新能源电站并网运行之后，需要对整个新能源电站的电能质量和功率控制能力及无功补偿装置的性能开展测试，即现场测试。现场测试结果将直观反映影响新能源电站并网特性的部分关键指标。作为新能源并网认证的一项重要评价手段，现场测试解决了新能源电站并网后运行性能不明确的问题，也是新能源并网安全性评价所不涉及的内容。

对于通过认证的新能源电站，采用持续监督的方式，可确保新能源电站的并网特性持续满足国家标准的要求。如果新能源电站内部设备更换、电网外部结构发生变化等因素导致新能源电站并网特性改变，第三方认证机构需对该新能源电站进行重新认证。

表 2-9 给出了新能源并网安全性评价与新能源并网认证的区别与联系，总体来看，新能源并网安全性评价工作集中在文件审核和现场检查两方面，主要通过检查新能源电站审批流程、设备调试报告和安全制度管理等方面资料，然后对新能源电站进行并网安全性评价。新能源并网认证，采用第三方认证制度替代原有的行政监督管理制度，通过文件审核、现场检查、模型仿真、现场测试和持续监督，对新能源电站的审批建设、故障穿越、电能质量、功率控制及设备一致性进行全方位、多层次的评价。

表 2-9　　　新能源并网安全性评价与新能源并网认证的差异

项目	新能源并网安全性评价	新能源并网认证
文件审核	侧重新能源电站审批手续、设备调试报告和安全管理制度的审核	涵盖新能源并网安全性评价的内容，并在此基础上增加设备参数一致性、仿真模型的文件审核
现场检查		
模型仿真	未开展	稳态仿真用于评估新能源电站并网运行对系统潮流和电压水平的影响，而暂态仿真用于验证新能源电站的故障穿越能力
现场测试	未开展	现场测试用于评价接入电力系统后新能源电站的电能质量和有功、无功功率控制能力，并评价无功补偿装置的性能

续表

项目	新能源并网安全性评价	新能源并网认证
持续监督	未开展	每年对通过认证的新能源电站进行至少一次现场检查，认证有效期为 5 年

在制度层面来看，新能源并网安全性评价由政府部门主导，属于政府行政监管职能，而新能源并网认证由第三方认证机构主导，属于第三方认证制度，制度上更为科学、更为先进，同时，利用新能源并网认证替代原有的新能源并网安全性评价，也推动了政府职能转变与简政放权。

在内容层面，新能源并网安全性评价集中在审批流程、设备调试报告和安全制度管理等方面内容，而新能源并网认证不仅涵盖了新能源并网安全性评价的内容，还增加了故障穿越、电能质量、电网适应性及功率控制等方面的内容，内容上更加丰富。

在手段层面，新能源并网安全性评价仅采用文件审核、现场检查两种基本手段，而新能源并网认证在文件审核、现场检查的基础上增加了模型仿真、现场测试和持续监督三种手段，更能全面评价新能源电站的故障穿越能力、电能质量和功率控制性能。持续监督能够对认证后新能源电站并网运行实施有效管理，使得新能源并网认证的评价手段更加严谨。

综上所述，新能源并网认证不仅涵盖了新能源并网安全性评价全部评价内容、评价手段，还在此基础上增设了故障穿越、电能质量和功率控制评价内容，并以模型仿真、现场测试和后续监督等手段辅助，可更全面深入地评价新能源电站并网性能。

新能源并网认证的开展与实施，将有效提高中国新能源电站的并网运行特性，降低大规模新能源并网给电网安全运行带来的潜在风险，并促进新能源发电的快速发展及其并网技术持续进步。

第 3 章

新能源发电并网标准

标准是为了在一定的范围内获得最佳秩序，经协商一致制定并由公认机构批准，共同使用的和重复使用的一种规范性文件。标准需经过多方协商一致，向公认权威机构提出申请，并提交标准报批稿，后由公认权威机构批准颁布。

标准是认证工作开展的基础。任何一种认证的执行与实施，都需要选择适合其自身的认证模式与制度。尽管认证制度存在多种要素组合方式，但这些认证制度具有一个先决条件，即要有符合认证目的的标准。认证工作的各项程序均围绕与标准要求的符合性展开，没有标准就无法开展认证工作。

本章围绕新能源发电并网认证，选取欧洲、德国、澳大利亚、中国 4 个区域的并网标准，介绍并对比主要的技术要求和历史沿革。该 4 个区域的并网标准均有一定的代表性。欧洲并网标准主要是为了统一多个国家互联的通用准则，保证整个区域电网的安全运行。德国并网标准主要是在不违背欧洲标准前提下，针对德国电网特点的本土化要求，标准指标更具体。澳大利亚并网标准主要是针对当地多个同步区域和带状电网的特点来制定标准指标。中国并网标准主要是针对我国复杂电网类型和接入方式的情况来制定标准指标。

3.1 国内外新能源发电并网标准概述

3.1.1 欧洲

为了保证欧洲跨国电力互联的安全运行和构建欧洲电力市场交易平

台，2009年欧盟提出编制统一的非歧视性电网准则。因为发电设备是电力系统的重要组成部分，所以电网准则应包括输电网和配电网中所有发电设备，包括新能源发电。该并网标准由欧洲输电网运营商组织（European Network of Transmission System Operators for Electricity，ENTSO-E）负责组织编制，在2013年形成了并网标准初稿并启动欧盟法规的转换流程，2015年通过欧盟立法委员会审核，并在2016年4月通过欧盟官方公报正式发布后成为2016/631号欧盟法规。

ENTSO-E并网标准根据接入电网的电压等级和装机容量将发电设备分为4类，并对这4类发电设备有针对性地提出技术要求和指标。

（1）A类发电设备：接入电网的电压等级低于110kV且装机容量大于等于0.8kW。

（2）B类发电设备：接入电网的电压等级低于110kV且装机容量大于等于当地电网运营商规定的B类发电设备容量等级，B类发电设备容量等级不得高于ENTSO-E标准要求，如欧洲大陆和英国最高为1MW、爱尔兰最高为0.1MW。

（3）C类发电设备：接入电网的电压等级低于110kV且装机容量大于等于当地电网运营商规定的C类发电设备容量等级，C类发电设备容量等级不得高于ENTSO-E标准要求，如欧洲大陆和英国最高为50MW、爱尔兰最高为5MW。

（4）D类发电设备：接入电网的电压等级大于等于110kV，或接入电网的电压等级低于110kV且装机容量大于等于当地电网运营商规定的D类发电设备容量等级，D类发电设备容量等级不得高于ENTSO-E标准要求，如欧洲大陆和英国最高为75MW、爱尔兰最高为10MW。

ENTSO-E并网标准允许各电网运营商根据实际电网情况做适当修订，但是不能违背ENTSO-E并网标准的基本原则，并且保证实施过程中的公正性和透明性。在确定标准指标时，应在保证电力系统安全的前提下尽量降低利益相关方的成本。修订的并网标准应充分征求利益相关方的意见，并在发布并网标准的同时附加意见采纳说明。

3.1.2 德国

德国是欧洲用电量最大的国家，主干输电网电压等级为 220kV 和 380kV，次级输电网电压等级为 110kV，配电网电压等级为 0.4～30kV。由于历史原因，主干输电网被分为 4 个区域，每个区域由独立的电网运营商运行（4 个电网运营商包括 Tennet、50Hertz、Amprion、Transnet BW），而下级电网则隶属于众多小型电网运营商。目前风力发电主要接入到中压电网（10～30kV），但是部分风电场会直接接入到 110kV 及以上的高压电网。因为大部分光伏发电是屋顶光伏，所以光伏发电主要接入到低压电网。

德国新能源发电并网标准的建设起步较早。2001 年，德国大部分风力发电接入到西北部 E.ON 电网公司所运行的电网，考虑到风力发电的影响不断增大，E.ON 公司开展了一系列研究工作。其中电网故障导致风电机组脱网的分析报告指出，若在汉堡附近发生电网故障，电网残压在 80%额定电压以下就会导致整个德国西北地区所有风电机组脱网，进而导致区域性电网崩溃事故发生。为了确保电网安全，E.ON 公司发布了针对新能源发电的并网标准，首先提出了低电压穿越要求。

2007 年，基于 E.ON 并网标准德国电网运营商协会（Verband der Netzbetreiber，VDN）发布了首个全国范围的并网标准 Transmission Code 2007（TC 2007）。该标准针对主干输电网和次级输电网提出了一系列的并网要求，并允许各电网运营商根据自身调度运行需求选择条款指标或制定标准细则。

2008 年，德国电气和水供应商协会（Bundesverband der Energie – und Wasserwirtschaft e.V.，BDEW）发布的针对中压配电网（10～30kV）的并网标准 *BDEW Medium Voltage Guideline*（《BDEW 中压导则》）中规定，包括新能源发电的所有发电设备应具备低电压穿越能力，并在电压跌落期间发出无功功率。BDEW 标准直接引用了 TC 2007 的部分相关内容，但是考虑到中压电网的电能质量要求较高，在诸如电压变化率等指标上提高了要求。

从 2011 年 8 月起，德国开始实施的低压配电网（0.4kV）并网标准 *VDE LV Application Rule* 由德国电气电子和信息技术协会（Verband der Elektrotechnik，Elektronik und Informationstechnik，VDE）发布。相比输电

网和中压配电网标准，VDE 低压配电网标准对电能质量、无功功率控制、设备安装等要求更加严格，但是不要求发电设备具备故障穿越能力。

2015 年 10 月 VDE 发布标准 VDE-AR-N 4120：2015-01 *Technical requirements for the connection and operation of customer installations to the high-voltage network*（《接入高压电网用户并网和运行技术规范》），以规定包括用电设备和发电站在内的高压电网用户在规划、建设、运行、改造中的技术要求。这里的高压电网一般指 110kV 及以上电压等级的电网，但是电压等级为 60～150kV 的电网也应参照执行。该标准于 2017 年 10 月开始生效并取代 TC 2007 中第 3 章和第 5 章关于并入高压电网的内容。

ENTSO-E 标准在 2016 年 4 月发布后，根据欧盟法律，所有德国并网标准将进行修订，以便与 ENTSO-E 标准要求相匹配。同时按照德国新能源发展规划，在未来新能源发电快速增长的背景下，VDE 在 2016 年启动 VDE-AR-N 4120 标准的修订工作，在 2017 年 5 月发布 VDE-AR-N 4120：2017 标准的草稿并征求意见，预计将于 2019 年正式发布新版标准。

3.1.3　澳大利亚

澳大利亚电力系统由几个独立的同步区域构成，东南部负荷中心的同步区域均隶属于国家电力市场（National Electricity Market，NEM）的范围，受统一的市场规约管理。不同于中国和欧美的网状电网，NEM 电力系统是沿海岸线的带状电网，长度超过 5000km。带状电网容易产生稳定性问题，并会因为电网故障导致区域电网孤岛。当大量新能源接入电网后，会进一步增加电网安全稳定运行的难度。

NEM 电力系统范围内的新能源发电并网标准是澳大利亚国家电力准则（Australian National Electricity Rules，ANER）的一部分，由澳大利亚市场能源委员会（Australian Energy Market Commission，AEMC）负责编制和发布。该准则涵盖电力系统的规划、市场、运行等各方面内容，适用于输电网和配电网的全部电压等级，与德国标准不同，并未区分同步发电机和新能源发电的指标要求。AEMC 标准最初基于英国国家电网准则并结合澳大利亚电网特点编制，于 1998 年 NEM 成立时强制实施。

AEMC 标准分为"最低并网要求"和"自由并网要求"两类。"最低并网要求"是所有并网发电设备必须遵守的最低要求。如果发电设备满足"自由并网要求",则电网运营商不能从技术层面拒绝发电设备并网发电。两类要求的指标差别一般较大,例如"自由并网要求"规定发电设备在任何有功出力情况下的无功容量为额定功率的 39.5%,而"最低并网要求"不要求发电设备的无功容量。所以在风能资源较好而电网较弱的区域,风电场运营商需要与电网运营商根据具体项目情况,在两类要求之间共同商定需要满足的技术指标。根据部分地区电网的特殊需求,当地的电网运营商会在 AEMC 标准的基础上补充相关要求,如新能源发电渗透率较高的地区,会进一步提高故障穿越和无功容量的指标。

AEMC 标准对仿真模型的要求尤其严格,要求模型应基于实际设备构成搭建,包含全部设备模块,包括发电机、控制器等,且应根据所使用仿真软件情况开源可编辑,同时适用于稳态和暂态稳定性仿真。应基于现场实测数据对单机模型和厂站模型进行准确性验证。

针对澳大利亚电网的特殊性,未来 AEMC 并网标准计划增加对储能的要求,以平衡新能源发电的波动性。由于风电机组的转动惯量小、光伏发电无转动惯量,导致电力系统的惯性缺失,抗频率扰动能力下降,这需要在并网标准中增加新能源发电参与系统调频的要求。

3.1.4 中国

2005 年以前,中国新能源发电装机容量占比较小,基本接入配电网就地消纳,对电网基本没有影响,因此没有新能源发电并网相关标准。新能源领域标准全部集中在资源和设备方面。2006 年,国家出台《风电场接入电力系统技术规定》(GB/Z 19963—2005)和《光伏发电站接入电力系统技术规定》(GB/Z 19964—2005),首次提出了风电场和光伏发电站接入电力系统的技术要求。考虑到中国风电、光伏发电尚处于发展初期,适当放宽了技术标准,对低电压穿越等重要指标没有明确规定。

2008 年以后,中国连续发生多起新能源发电脱网事故。仅 2011 年 1~8 月,全国就发生 193 起风电机组脱网事故,其中一次损失风电出力 500MW 以上的脱网事故 12 起,严重影响电力系统安全稳定运行。事故分析表明,风电机组不具备低电压穿越能力是主要原因之一。自此启动国家标准修订工作,并于 2011 年 12 月底正式发布《风电场接入电力系统技术规定》(GB/T 19963—2011)。新版标准增加了有功无功控制、风电功率预测、低电压穿越能力、接入系统测试等多项技术要求,并且针对百万千瓦规模的大型风电基地提出了动态无功支撑方面的相关要求。《光伏发电站接入电力系统技术规定》(GB/T 19964—2012)也于 2012 年完成修订后发布。

中国新能源发电的特点之一是大规模集中开发并通过远距离输送。随着多条特高压直流线路投运,在未来的标准修订中需要考虑高压直流输电对新能源发电的影响。

3.2　新能源发电并网标准的技术要求

3.2.1　影响因素和分类

电力系统对新能源发电的技术要求取决于新能源发电渗透率的情况。当渗透率较低时,新能源发电对电力系统的影响较小并且影响很容易被控制,因此并网标准一般允许新能源发电按照保证设备自身安全和提高发电量的原则来运行。然而,随着渗透率的增加其影响力也不断增加,这时新能源发电应为电力系统的安全稳定承担更多的责任。另外需要考虑的因素是,新能源发电设备大多含有电力电子变流器,在诸如短路故障和电压、频率波动等电网扰动下,新能源发电的涉网特性与传统同步发电机的差异较大。针对以传统同步发电机为基础建立的电力系统,新能源发电应具备与传统同步发电机相似的特性,如无功容量,并在此基础上根据自身技术特点提高涉网性能,如低电压穿越期间的无功支撑能力。

在不同新能源发电渗透率情况下,技术要求的重要程度也不同。如果定性地将新能源发电渗透率分为四个程度:低、高、非常高、全部,可以根据不同程度将技术要求进行优先级归类,见表 3-1。四个程度之间并没有明确的界限,这里低渗透率可以认为新能源发电占比低于 10%,此时新能源对电力系统的影响基本可以忽略。如果一个电力系统几乎全部由新能源进行供电,渗透率应高于 90%,在该情况下如何运行电力系统目前仍然是一个难题,此时新能源发电可以不基于系统内同步发电机的频率和电压特性实施控制，而是按照电力电子设备自身特点进行频率和电压控制。

表 3-1 新能源发电技术要求分类

电网环境	技术要求
基本要求	继电保护 电能质量 高频降出力
低渗透率	通信系统 无功功率控制 有功功率控制
高渗透率	故障穿越（高/低电压、高/低频率） 仿真模型
非常高渗透率	有功功率变化率限制 低频增出力
全部新能源供电	独立频率控制 独立电压控制 ……

来源：*Scaling up variable renewable power：The role of grid codes*（规模化波动性新能源发电：并网导则的作用）

3.2.2 技术要求及指标

本节将分类介绍新能源发电并网标准中各项技术要求的背景和基本含义，并详细介绍典型国家或地区的具体要求和指标。

3.2.2.1 运行范围

电力系统是一个动态系统，其电压和频率并不是恒定的。电网的结构和负荷配置情况不同，电压和频率的变化范围也不相同，因此电压和频率运行范围是针对电力系统内所有的设备和器件。在不同的电压等级下，电压的运行范围并不相同，但是频率运行范围基本保持一致。新能源发电在电力系统中的接入和不同的渗透率并不会对电力系统电压和频率运行范围指标产生过多的影响。在新能源发电并网标准中，电压的正常运行范围一般在额定电压的±10%，频率的运行范围一般在额定频率的±2%。超出电压和频率的运行范围后新能源发电被要求立即断开与电网的连接，或经过延时后断开与电网的连接。

受地域原因导致相对孤立的电力系统如英国和爱尔兰等电网，容易受到扰动而产生较大范围的电压和频率偏移，因此并网标准对电压和频率运行范围会有更高的要求。表3-2和表3-3给出几个相对孤立电网或孤岛电网在正常运行时和受到扰动时的电压和频率范围，可以作为标准编制的参考。

表3-2　　　　　　　　频率运行范围对比

国家	正常运行（Hz）	非正常运行（Hz）
英国	49.5～50.5	47.0～52.0
爱尔兰	49.8～50.2	47.0～52.0
马耳他	49.5～50.5	49.5～50.5
希腊	49.0～51.0	42.5～57.5
新西兰	49.5～50.5	47.0～52.0

表3-3　　　　　　　　电压运行范围对比

国家	正常运行（标幺值）	非正常运行（标幺值）
英国	400kV：0.95～1.05 275、132kV：0.9～1.1	
爱尔兰	400kV：0.93～1.03 220、110kV：0.95～1.09	400kV：0.89～1.05 220kV：0.91～1.11 110kV：0.9～1.12
冰岛	220、132、66、33kV：0.91～1.05	
马耳他	132kV：0.94～1.06 33kV：0.9～1.05 11kV：0.95～1.05	
希腊	150、66kV：0.95～1.08 20kV：0.9～1.1	
新西兰	220、110kV：0.9～1.1 66、50kV：0.95～1.05	

以下为新能源发电并网标准的技术要求及指标情况。

（1）欧洲。ENTSO-E标准要求接入欧洲大陆110kV电压等级电网的发电设备在标称电压的90%～111.8%能正常运行，且在标称电压的111.8%～115%时应至少运行20～60min，具体时间由电网运营商确定。ENTSO-E标准同时要求欧洲大陆的频率运行范围在49～51Hz，如果电力系统的频率超出该范围但不低于 47.5Hz 或不高于 51.5Hz，则发电设备应保持与电网的连接并保持其正常功能运行至少 30min。

（2）德国。VDE-AR-N 4120：2017 标准对电压和频率运行范围的规定如图 3-1 所示。该图的横坐标为电网频率，纵坐标为电网电压。针对不同横纵坐标围绕而成的区域分别规定发电设备应能够维持正常运行的时间长度。例如，当电网频率在 49～51Hz 且电网电压标幺值在 0.87～1.12 时，发电设备应保证连续并网运行；当电网频率在 51～51.5Hz 且电网电压标幺值在 0.85～1.15 时，发电设备至少应能够维持连续并网运行 30min。在此基础上，如果电网电压的变化率小于 $5\%U_n/min$ 且频率变化率小于 $0.5\%f_n/min$ 时，发电设备应能够承受相应的电网电压和频率扰动，保证连续并网运行。

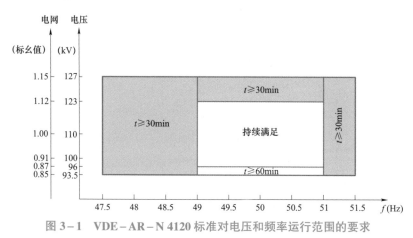

图 3-1　VDE-AR-N 4120 标准对电压和频率运行范围的要求

（3）澳大利亚。AEMC 标准要求当电网电压在 90%～110%U_n 范围内时，新能源电站能够连续运行；当电网电压在 80%～90%U_n 范围内时，新能源电站能够至少连续运行 10s；当电网电压在 70%～80%U_n 范围内时，新能源电站能够至少连续运行 2s。AEMC 标准没有明确规定具体的频率运行范围，而是规定了 3 个频带，即正常运行频带、运行耐受频带、极限偏移耐受频带，如图 3-2 所示。当电网频率在正常运行频带时，新能源电站能够连续运行；当电网频率在运行耐受频带时，新能源电站能够至少连续运行 10min；当电网频率在极限偏移耐受频带时，新能源电站能够至少连续运行 2min。

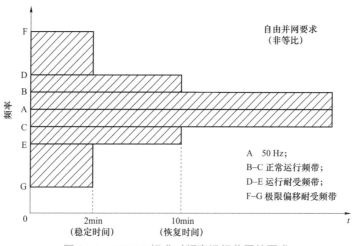

图 3-2　AEMC 标准对频率运行范围的要求

（4）中国。《风电场接入电力系统技术规定》（GB/T 19963—2011）要求当风电场并网点电压在标称电压的 90%～110% 时，风电机组应能正常运行，当风电场并网点电压超过标称电压的 110% 时，风电场的运行状态由风电机组的性能确定。《光伏发电站接入电力系统技术规定》（GB/T 19964—2012）要求光伏电站在标称电压的 90%～110% 时能正常运行，且在标称电压的 110%～120% 时应至少运行 10s，在标称电压的 120%～130% 时应至少运行 0.5s。涉及频率运行范围，《风电场接入电力系统技术规定》（GB/T 19963—2011）和《光伏发电站接入电力系统技术规定》（GB/T 19964—2012）的规定见表 3-4 和表 3-5。

表 3-4　风电场在不同电力系统频率范围内的运行规定

频率范围（Hz）	运行要求
<48	根据风电场内风电机组允许运行的最低频率而定
48～49.5	每次频率低于 49.5Hz 时要求风电场具有至少运行 30min 的能力
49.5～50.2	连续运行
>50.2	每次频率高于 50.2Hz 时，要求风电场具有至少运行 5min 的能力，并执行电力系统调度机构下达的降低出力或高周切机策略，不允许停机状态的风电机组并网

65

新能源发电并网评价及认证

表3－5　　光伏发电站在不同电力系统频率范围内的运行规定

频率范围（Hz）	运行要求
＜48	根据光伏发电站逆变器允许运行的最低频率而定
48～49.5	频率每次低于49.5Hz，光伏发电站应能至少运行10min
49.5～50.2	连续运行
50.2～50.5	频率每次高于50.2Hz，光伏发电站应能至少运行2min，并执行电网调度机构下达的降低出力或高周切机策略；不允许处于停运状态的光伏发电站并网
＞50.5	立刻终止向电网线路送电，且不允许处于停运状态的光伏发电站并网

3.2.2.2　故障穿越

电力系统的短路故障会造成电压跌落并导致非常高的短路电流。为了保护涉网设备免受短路电流的破坏，电网保护装置应能识别短路故障并切除故障设备。但是电网保护装置动作有一定时间延迟，因此发电设备应能在此期间保持与电网的连接，一方面能够提供足够的短路电流，确保电网保护装置的快速、准确动作；另一方面保证在故障清除后电网的功率平衡。如果电网中新能源发电的渗透率较高，在电网短路故障发生时新能源发电发生大量脱网会导致电力系统严重的功率不平衡和稳定问题，所以国内外并网标准均要求新能源发电在故障期间保持与电网的连接，并发出无功电流以协助维持系统电压稳定。

但是在电网故障清除、电压恢复后，新能源发电的无功电流并不能立即降低至电网故障前的值。尤其是含有无功补偿装置的新能源电站，其无功响应延迟时间在百毫秒级甚至是秒级。无功响应延时会造成系统局部无功功率过剩，引起短时系统高电压。若新能源发电不具备高电压穿越的能力，容易导致成功完成低电压穿越后因高电压保护而脱网。新能源发电的高压脱网会进一步加剧系统无功过剩，造成大面积连锁脱网事故。在国内外多次大规模风电脱网事故中，电网高电压的持续时间从几毫秒到几分钟不等，且部分事故中因高电压脱网的风电机组数量甚至与因低电压脱网的风电机组数量相当。

另外，高压直流输电线路送端区域的新能源发电会受到直流换相失败、直流闭锁、直流线路故障等引起的高电压影响。因此，在电网出现短时过

66

电压时新能源发电应能够保持并网运行，并吸收无功电流以协助维持系统电压稳定。未来在新能源发电渗透率高的电力系统中，高电压穿越能力也将成为并网标准的普遍要求。

以下介绍欧洲、德国、澳大利亚、中国新能源发电并网标准的技术要求及指标。

（1）欧洲。ENTSO-E 标准只涵盖新能源发电低电压穿越的要求，如图 3-3 所示。曲线中定义了并网点的故障残压 U_{ret}，故障清除时刻 t_{clear} 的电压 U_{clear}，故障清除后不同恢复阶段的起止时刻 t_{rec1}、t_{rec2}、t_{rec3}，以及对应的电压 U_{rec1} 和 U_{rec2}。当电网电压在该曲线上方时，新能源电站应能够保持连续运行。该曲线可以根据电网运营商的需求进行参数调整，作为新能源电站低电压穿越的最低要求。曲线参数调整主要依据新能源电站并网点在故障前后的最小短路容量和新能源电站故障前的功率运行点等。针对 3.1.1 节中介绍的不同类型新能源电站，低电压穿越的具体指标不同。A 类新能源电站不要求具备低电压穿越能力，B 类及以上新能源电站的低电压穿越指标见表 3-6 和表 3-7。通过对比可知，D 类新能源电站需要具备零电压穿越能力。

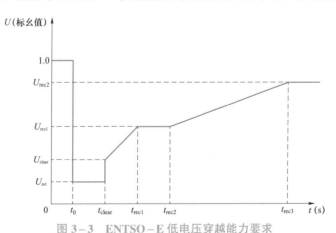

图 3-3 ENTSO-E 低电压穿越能力要求

表 3-6　　　　　　　　B 类、C 类新能源电站的低电压穿越指标

电压参数（标幺值）		时间参数（s）	
U_{ret}	0.05～0.15	t_{clear}	0.14～0.15
U_{clear}	U_{ret}～0.15	t_{rec1}	t_{clear}

续表

电压参数（标幺值）		时间参数（s）	
U_{rec1}	U_{clear}	t_{rec2}	t_{rec1}
U_{rec2}	0.85	t_{rec3}	1.5～3.0

表 3-7　　　　　　　　D 类新能源电站的低电压穿越指标

电压参数（标幺值）		时间参数（s）	
U_{ret}	0	t_{clear}	0.14～0.15
U_{clear}	U_{ret}	t_{rec1}	t_{clear}
U_{rec1}	U_{clear}	t_{rec2}	t_{rec1}
U_{rec2}	0.85	t_{rec3}	1.5～3.0

ENTSO-E 标准要求具备低电压穿越能力的新能源电站应在电网故障期间提供快速无功电流支撑。电网运营商将根据实际电网情况规定新能源电站快速无功电流支撑的响应起止时间、响应速度、响应精度、基于电网电压的响应特性等，并同时规定在电网故障清除后新能源电站有功功率恢复的响应起止时间、响应速度、响应精度等。对于 C 类和 D 类新能源电站，电网运营商可以在 ENTSO-E 标准的基础上规定在电网故障期间是有功功率优先还是无功功率优先。如果是有功功率优先，那么新能源电站的有功功率应在电网故障清除后的 150ms 内达到规定值。

（2）德国。VDE-AR-N 4120：2017 标准对新能源电站的低电压穿越和高电压穿越能力均提出了要求，如图 3-4 所示。标准对电网对称故障和非对称故障情况下的低电压穿越能力有不同的要求。在非对称故障情况下，新能源电站应具备更强的故障穿越能力。例如，新能源电站在电网对称故障且电网电压跌落至零时应保持至少 0.15s 不脱网连续运行，而在电网非对称故障情况下所规定的零电压穿越时间延长至 0.22s。针对高电压穿越，标准要求当电网电压为 130%U_n 时，新能源电站应能保持 0.1s 不脱网连续运行；当电网电压为 125%U_n 时，新能源电站应能保持 60s 不脱网连续运行。

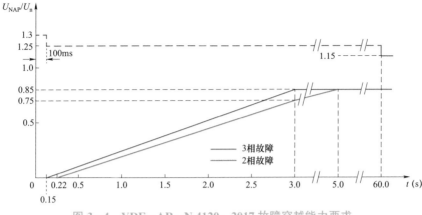

图 3-4　VDE-AR-N 4120：2017 故障穿越能力要求

　　VDE-AR-N 4120：2017 标准对新能源电站在故障穿越期间无功电流
的要求如图 3-5 所示。新能源电站应在电网电压变化时，在故障前无功电
流的基础上提供额外的无功电流 Δi_r，取值如式（3-1）所示。

$$\Delta i_r = k\Delta u \qquad (3-1)$$

式中　Δu——电网电压变化量；

　　　k——无功电流增益，k 值可以根据接入电网情况和需求在 2～6 以
　　　　　0.5 步长调节。

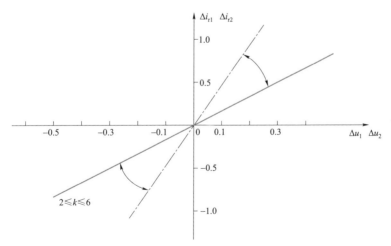

图 3-5　VDE-AR-N 4120：2017 标准对故障穿越期间的无功电流要求

　　额外正序无功电流 Δi_{r1} 与正序电压变化 Δu_1 成正比，额外负序无功电

流 Δi_{r2} 与负序电压变化 Δu_2 成正比。无功电流的响应时间应小于 30ms，稳定时间应小于 60ms。需要说明的是在电网非对称故障情况下，负序无功电流的控制目标应使负序电压趋近于零，以协助降低电网电压的不对称度。

（3）澳大利亚。AEMC 标准并未直接提出新能源电站低电压穿越的要求，而是规定从电网故障发生开始至相关继电保护装置完成保护动作，新能源电站应保持连续运行。同时在电网故障期间，电网电压每下降 1%，新能源电站应在故障前无功电流的基础上，额外发出 4%最大运行电流的无功电流。在电网故障清除后，新能源电站发出的无功电流应能够保证并网点的电压在正常运行范围内。在电网故障清除后的 100ms 内，新能源电站的有功功率应能够恢复至故障前的 95%。

AEMC 标准的高电压穿越要求是通过"过电压—时间"关系曲线来描述的。标准规定标称电压的 90%～110%为正常运行范围，而并网点电压超过标称电压的 110%时，新能源电站的运行时间按照图 3-6 中给出的"过电压—时间"关系曲线确定。

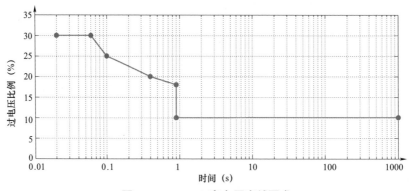

图 3-6　AEMC 高电压穿越要求

澳大利亚电力系统是沿海岸线的带状电网，不仅电压波动范围大，而且电网故障造成区域电网孤岛后会加剧电网电压的偏移，因此澳大利亚国家电力准则较早提出高电压穿越的要求。但是在 2016 年 9 月澳大利亚南部电网的停电事故中，因为区域电网高电压超出图 3-6 中规定范围，导致包括新能源发电在内的发电站连锁脱网，加剧了电网事故的恶化。因此在充分总结事故原因及影响的基础上，AEMO 在 2017 年 8 月提议增加新能源电站的高电压穿越能力要求，如图 3－7 所示。

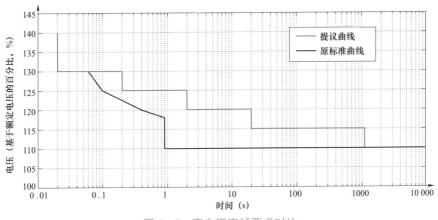

图 3－7　高电压穿越要求对比

（4）中国。《风电场接入电力系统技术规定》（GB/T 19963—2011）中对低电压穿越能力的要求如图 3－8 所示。

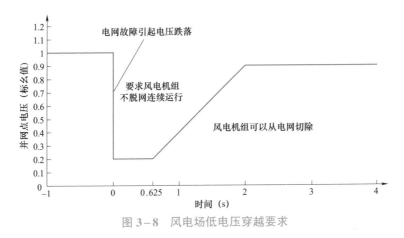

图 3－8　风电场低电压穿越要求

具体要求如下。

1）风电场并网点电压跌至 20% 标称电压时，风电场内的风电机组应保证不脱网连续运行 625ms。

2）风电场并网点电压在发生跌落后 2s 内能够恢复到标称电压的 90% 时，风电场内的风电机组应保证不脱网连续运行。

3）对电力系统故障期间没有切出的风电场，其有功功率在故障清除后应快速恢复，自故障清除时刻开始，以至少 10%额定功率/s 的功率变化率恢复至故障前的值。

4）总装机容量在百万千瓦级规模及以上的风电场群，当电力系统发生三相短路故障引起电压跌落时，每个风电场在低电压穿越过程中应具有以下动态无功支撑能力。

当风电场并网点电压处于标称电压的 20%～90%内时，风电场应能够通过注入无功电流支撑电压恢复；自并网点电压跌落出现的时刻起，动态无功电流控制的响应时间不大于 75ms，持续时间应不少于 550ms。

风电场注入电力系统的动态无功电流 $I_T \geqslant 1.5 \times (0.9 - U_T)I_n$（$0.2 \leqslant U_T \leqslant 0.9$）。其中：$U_T$ 为风电场并网点电压标幺值；I_n 为风电场额定电流。

《光伏发电站接入电力系统技术规定》（GB/T 19964—2012）中对低电压穿越能力的要求如图 3-9 所示。

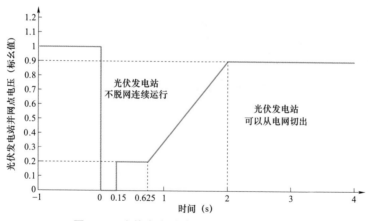

图 3-9　光伏发电站的低电压穿越能力要求

以下为具体要求。

1）光伏发电站并网点电压跌至零时，光伏发电站应能不脱网连续运行 0.15s。

2）光伏发电站并网点电压跌至曲线以下时，光伏发电站可以从电网切出。

3）对电力系统故障期间没有脱网的光伏发电站，其有功功率在故障清除后应快速恢复，自故障清除时刻开始，以至少每秒 30%额定功率的变化率恢复至正常发电状态。

4）对于通过 220kV（或 330kV）光伏发电汇集系统升压至 500kV（或 750kV）电压等级接入电网的光伏发电站群中的光伏发电站，当电力系统发生短路故障引起电压跌落时，光伏发电站注入电网的动态无功电流应满足以下要求。

自并网点电压跌落的时刻起，动态无功电流的响应时间不大于 30ms。

自动态无功电流响应起直到电压恢复至标幺值 0.9 期间，光伏发电站注入电力系统的动态无功电流 I_T 应实时跟踪并网点电压变化，并应满足：

$$\begin{cases} I_T \geqslant 1.5 \times (0.9 - U_T) I_N, & 0.2 \leqslant U_T \leqslant 0.9 \\ I_T \geqslant 1.05 \times I_N, & U_T < 0.2 \\ I_T = 0, & U_T > 0.9 \end{cases} \qquad (3-2)$$

式中　U_T——光伏发电站并网点电压标幺值；

I_N——光伏发电站额定容量/（$\sqrt{3}$×并网点额定电压）。

3.2.2.3　功率控制

电力系统通过保持功率平衡使系统频率保持在一定范围内。新能源发电的有功功率受风、光资源的波动性影响较大，为了保持电力系统的频率稳定，新能源发电并网标准一般要求新能源电站保持有功功率的变化率在规定范围以内。无功功率是建立线路、变压器、电机的电磁场的必要条件。电力系统通过无功功率的控制使系统电压保持在一定范围内。拥有较大可控无功功率容量的新能源发电，在配电网中可以有效平衡有功注入造成的电压升高，在输电网中可以有效补偿输电线路的无功损耗。新能源发电并网标准一般要求新能源电站能够在某个功率因数范围内持续运行。随着渗透率的增加和电压等级的增大，功率因数范围应相应扩大。

（1）欧洲。ENTSO-E 标准未明确有功功率变化率的要求，但是详细规定了 C 类和 D 类新能源电站无功容量和无功功率控制的要求。

新能源电站的无功容量应能够补偿满发时场内汇集线路、主变压器的感性无功及风电场送出线路的全部感性无功之和。当新能源电站能够发出最大无功时，通过 $U-Q/P_{max}$ 曲线给出无功功率要求，如图 3-10 所示。首先在任何电网环境下 $U-Q/P_{max}$ 曲线均不能超出固定外部边界框，然后根据欧洲不同地区的电网情况确定内部边界框，例如欧洲大陆的内部边界框是由 Q/P_{max} 区间长度与 U 区间长度确定的，分别为 0.75 和 0.225。电网运营商可以根据电网实际需求确定内部边界框在固定外部边界框内的位置，并在内部边界框中确定 $U-Q/P_{max}$ 曲线，该曲线可以是任何合理的形式。

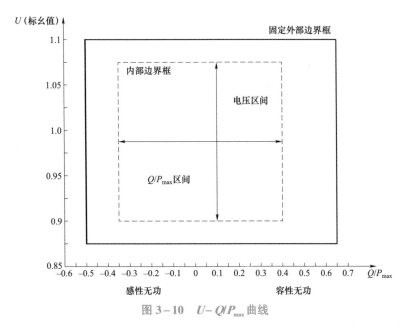

图 3-10 $U-Q/P_{max}$ 曲线

当新能源电站的无功能力低于最大无功时，通过 $P-Q/P_{max}$ 曲线给出无功功率要求，如图 3-11 所示。首先在任何电网环境下 $P-Q/P_{max}$ 曲线均不能超出固定外部边界框，然后根据欧洲不同地区的电网情况确定内部边界框，Q/P_{max} 区间长度与图 3-10 一致。电网运营商可以根据电网实际需求确定内部边界框在固定外部边界框内的位置，并在内部边界框中确定 $P-Q/P_{max}$ 曲线，该曲线可以是任何合理的形式，但是需要明确有功功率为零时的无功功率值。

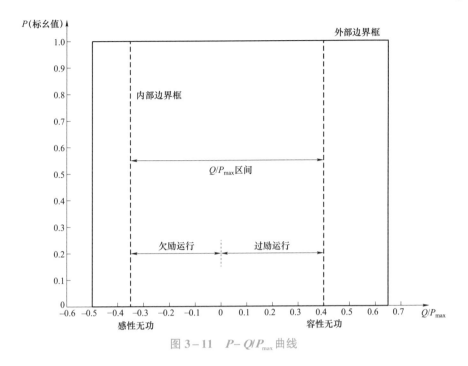

图 3-11　P-Q/P_{max} 曲线

新能源电站应具备电压控制、无功功率控制、功率因数控制 3 种无功功率控制功能。在电压控制模式下，如果电网电压控制目标的设定值标幺值以小于 0.01 的变化幅值（幅值标幺值 0.95～1.05）且小于 0.5% 的变化率（斜率 2%～7%）变化，新能源电站应能按照电网运营商的要求发出无功功率。新能源电站应能在 1～5s 发出 90% 的指定无功功率，当电网电压恢复后在 5～60s 以固定斜率恢复至扰动前的无功功率。在无功功率控制模式下，新能源电站控制目标设定值的变化幅值应小于 5Mvar 和 5% 最大无功容量二者的最小值。在功率因数控制模式下，新能源电站控制目标设定值的变化幅值标幺值应小于 0.01。

（2）德国。与 ENTSO-E 标准一样，VDE-AR-N 4120：2017 标准规定了新能源电站的无功容量和无功功率控制的要求。当新能源电站的有功功率达到额定值时，新能源电站应满足图 3-12 中 3 个无功容量范围要求之一。无功容量范围由电网运营商根据所在电网的无功需求进行选择。

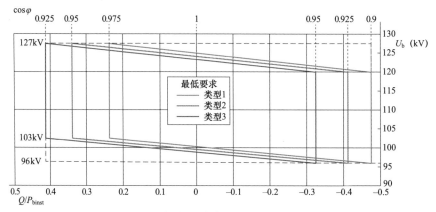

图 3−12　额定有功功率时的无功容量范围

当新能源电站的有功功率在额定值以下时，无功容量的要求如图 3−13 所示。图 3−13 中功率采用负荷定向，因此有功功率为负值。图 3−12 中的电压范围仍然适用于图 3−13。当新能源电站的有功功率大于等于 0.05 倍的额定功率时，实际发出的无功功率与无功功率给定值的误差应在额定功率的±2%内。当新能源电站的有功功率小于 0.05 倍的额定功率时，对无功功率不做要求。

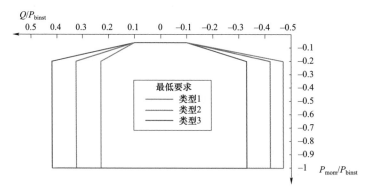

图 3−13　额定有功功率以下时的无功容量范围

新能源电站应具备 4 种无功功率控制模式，即基于电压的无功功率控制模式、基于有功功率的无功功率控制模式、直接无功功率控制模式、功率因数控制模式。新能源电站应能够响应远程控制系统的控制指令，包括控制模式的切换、设定值的修改等。

（3）澳大利亚。AEMC 标准首先规定新能源电站应具备抑制系统振荡的功能，在接入电力系统后不能降低整体系统的阻尼特性。新能源电站的功率控制不能引起电力系统的稳定问题。

针对有功功率控制，AEMC 标准规定新能源电站应根据电网运营商的控制指令在 5min 内按照固定变化率改变有功功率输出。针对无功功率控制，AEMC 标准未明确要求新能源电站的无功容量范围，只要求新能源电站应能够维持并网点电压在设定值的 0.5%内，且电压设定值应能够在额定电压的 95%～105%内动态可调。当电压设定值的变化量为额定电压的 5%时，新能源电站无功功率的响应时间应小于 2s，稳定时间应小于 7.5s。

（4）中国。针对有功功率控制，《风电场接入电力系统技术规定》（GB/T 19963—2011）要求风电场应具备参与电力系统调频、调峰和备用的能力。风电场应配置有功功率控制系统，具备有功功率调节能力。当风电场有功功率在总额定出力的 20%以上时，对于场内有功出力超过额定容量的 20%的所有风电机组，能够实现有功功率的连续平滑调节，并参与有功功率控制。风电场应能够接收并自动执行电力系统调度机构下达的有功功率及有功功率变化的控制指令，风电场有功功率及有功功率变化应与电力系统调度机构下达给定值一致。

风电场有功功率变化包括 1min 有功功率变化和 10min 有功功率变化。在风电场并网及风速增长过程中，风电场有功功率变化应当满足电力系统安全稳定运行的要求，其限值应根据所接入电力系统的频率调节特性，由电力系统调度机构确定。风电场有功功率变化限值的推荐值见表 3-8，该要求也适用于风电场的正常停机。允许出现因风速降低或风速超出切出风速，而引起的风电场有功功率变化超出有功功率变化最大限值的情况。在电力系统事故或紧急情况下，风电场应根据电力系统调度机构的指令快速控制其输出的有功功率，必要时可通过安全自动装置快速自动降低风电场有功功率或切除风电场；此时风电场有功功率变化可超出电力系统调度机构规定的有功功率变化最大限值。

新能源发电并网评价及认证

表 3-8　　　　　正常运行情况下风电场有功功率变化最大限值　　　　MW

风电场装机容量	10min 有功功率变化最大限值	1min 有功功率变化最大限值
<30	10	3
30~150	装机容量/3	装机容量/10
>150	50	15

　　《光伏发电站接入电力系统技术规定》（GB/T 19964—2012）要求光伏发电站应具备参与电力系统的调频和调峰的能力，并符合《电网运行准则》（DL/T 1040—2007）的相关规定。光伏发电站应配置有功功率控制系统，具备有功功率连续平滑调节的能力，并能够参与系统有功功率控制。光伏发电站有功功率控制系统应能够接收并自动执行电网调度机构下达的有功功率及有功功率变化的控制指令。在光伏发电站并网、正常停机及太阳能辐照度增长过程中，光伏发电站有功功率变化速率应满足电力系统安全稳定运行的要求，其限值应根据所接入电力系统的频率调节特性，由电网调度机构确定。光伏发电站有功功率变化速率应不超过 10%装机容量/min，允许出现因太阳能辐照度降低而引起的光伏发电站有功功率变化速率超出限值的情况。在电力系统事故或紧急情况下，光伏发电站应按照电网调度机构的要求降低光伏发电站有功功率，严重情况下切除整个光伏发电站。

　　针对无功功率控制，《风电场接入电力系统技术规定》（GB/T 19963—2011）要求风电场的无功电源包括风电机组及风电场无功补偿装置。风电场安装的风电机组应满足功率因数在超前 0.95~滞后 0.95 的范围内动态可调。风电场要充分利用风电机组的无功容量及其调节能力；当风电机组的无功容量不能满足系统电压调节需要时，应在风电场集中加装适当容量的无功补偿装置，必要时加装动态无功补偿装置。对于直接接入公共电网的风电场，其配置的容性无功容量能够补偿风电场满发时场内汇集线路、主变压器的感性无功及风电场送出线路的一半感性无功之和，其配置的感性无功容量能够补偿风电场自身的容性充电无功功率及风电场送出线路的一半充电无功功率。对于通过 220kV（或 330kV）风电汇集系统升压至 500kV（或 750kV）电压等级接入公共电网的风电场群中的风电场，其配置的容性无功容量能够补偿风电场满发时场内汇集线路、主变压器的感性无功及风电场送出线路的全部感性无功之和，其配置的感性无功容量能够补偿风电场自身的容性充电无功功率及风电场送出线路的全部充电无功功率。

《光伏发电站接入电力系统技术规定》（GB/T 19964—2012）要求光伏发电站的无功电源包括光伏并网逆变器及光伏发电站无功补偿装置。光伏发电站安装的并网逆变器应满足额定有功出力下功率因数在超前 0.95～滞后 0.95 的范围内动态可调，并应满足在图 3-14 所示矩形框内动态可调。光伏发电站要充分利用并网逆变器的无功容量及其调节能力；当逆变器的无功容量不能满足系统电压调节需要时，应在光伏发电站集中加装适当容量的无功补偿装置，必要时加装动态无功补偿装置。通过 10～35kV 电压等级并网的光伏

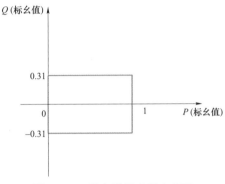

图 3-14　逆变器无功出力范围

发电站功率因数应能在超前 0.98～滞后 0.98 范围内连续可调，有特殊要求时，可做适当调整以稳定电压水平。

对于通过 110（66）kV 及以上电压等级并网的光伏发电站，无功容量配置应满足容性无功容量能够补偿光伏发电站满发时站内汇集线路、主变压器的感性无功及光伏发电站送出线路的一半感性无功之和；感性无功容量能够补偿光伏发电站自身的容性充电无功功率及光伏发电站送出线路的一半充电无功功率之和。对于通过 220kV（或 330kV）光伏发电汇集系统升压至 500kV（或 750kV）电压等级接入电网的光伏发电站群中的光伏发电站，无功容量配置宜满足容性无功容量能够补偿光伏发电站满发时汇集线路、主变压器的感性无功及光伏发电站送出线路的全部感性无功之和；感性无功容量能够补偿光伏发电站自身的容性充电无功功率及光伏发电站送出线路的全部充电无功功率之和。

3.2.2.4　频率响应

电网频率是电力系统功率平衡的基本指标。当电网频率高于正常频率

范围的上限时，可以采取降低发电机组的有功功率、解列部分发电机组等措施来降低电网频率；当电网频率低于正常频率范围的下限时，可采取调高发电机功率、调用系统备用容量、进行负荷控制等措施来提高电网频率。但是电力系统中负荷变化具有一定的随机性，而发电机的频率调节无法及时响应并实施控制，难以保证电力系统中持续的功率平衡，因此电网频率仍然会表现为小幅度的波动。

在含有新能源发电的电力系统中，频率支撑和负荷平衡主要依赖传统同步发电机，而新能源发电则被视为变化的负荷。但是，在新能源发电渗透率高的情况下，当传统同步发电机组已无法满足频率调节的需求时，新能源发电应能够响应电网频率变化，在电网频率高于额定频率时降低有功出力，甚至在电网频率低于额定频率时增加有功出力，以支撑电网频率的稳定。

（1）欧洲。ENTSO－E 标准包含两种频率响应模式：频率灵敏模式（frequency sensitive mode，FSM）和受限频率灵敏模式（limited frequency sensitive mode，LFSM）。FSM 模式指新能源电站通过调节有功功率来响应电力系统频率相对于设定值的偏移，以支撑电力系统的频率恢复。LFSM 模式指新能源电站在电力系统频率超过特定值后增加或减少有功功率出力。

FSM 模式的响应要求如图 3－15 所示。图 3－15 中 P_{ref} 为新能源电站的实际有功功率或最大有功功率，ΔP 为新能源电站的有功功率变化，f_{n} 为电力系统的额定频率，Δf 为电力系统的频率变化。电网运营商应根据具体电网情况在 P_{ref} 的 1.5%～10%内确定新能源电站的最大调频容量 $|\Delta P_1|$，并在 2%～12%内确定新能源电站有功功率下垂控制的斜率 s_1。针对新能源电站的频率响应特性，电网运营商应在 0.02%～0.06%（当 f_{n} 为 50Hz 时）内确定频率响应的不敏感度，并在 0～0.5Hz 范围内确定频率响应死区。上述指标中，下垂控制斜率和频率响应死区应具备可调节功能。

当运行在 FSM 模式时，新能源电站对电力系统频率阶跃变化的响应要求如图 3－16 所示。自频率阶跃变化时刻起，新能源电站应在 t_1 时间内响应并在 t_2 时间内达到最大调频容量 $|\Delta P_1|$。t_1 和 t_2 应根据电力系统和新能源电站的实际情况确定。

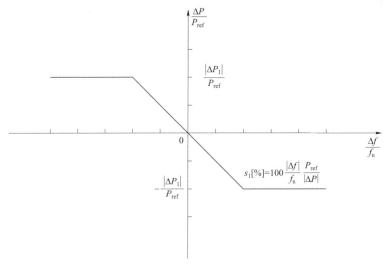

图 3-15　FSM 响应要求（不敏感度和响应死区均为零）

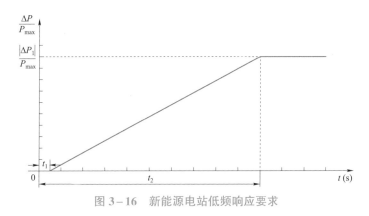

图 3-16　新能源电站低频响应要求

LFSM 模式包括新能源电站在电网高频情况下减少有功功率（limited frequency sensitive mode-overfrequency，LFSM-O）和在电网低频情况下增加有功功率（limited frequency sensitive mode-underfrequency，LFSM-U）两种模式。LFSM-O 模式的响应要求如图 3-17 所示。图中 P_{ref} 为新能源电站的实际有功功率或最大有功功率，ΔP 为新能源电站的有功功率变化，f_n 为电力系统的额定频率，Δf 为电力系统的频率变化。电网运营商应根据具体电网情况在 50.2～50.5Hz 内确定新能源电站高频降出力的频率阈值 Δf_1，并在 2%～12% 内确定新能源电站有功功率下垂控制的斜

率 s_2。新能源电站应尽可能快的实施频率响应控制，响应延时应小于2s。新能源电站在频率响应控制期间应保持输出功率的稳定。

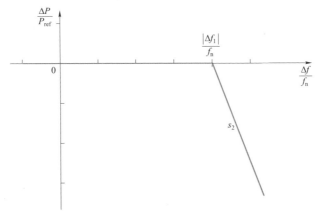

图 3-17 LFSM-O 响应要求

LFSM-U 模式的响应要求如图 3-18 所示。图 3-18 中 P_{ref} 为新能源电站的实际有功功率或最大有功功率，ΔP 为新能源电站的有功功率变化，f_n 为电力系统的额定频率，Δf 为电力系统的频率变化。电网运营商应根据具体电网情况在 49.5～49.8Hz 内确定新能源电站低频升出力的频率阈值 Δf_1，并在 2%～12% 内确定新能源电站有功功率下垂控制的斜率 s_2。新能源电站应尽可能快的实施频率响应控制，响应延时应小于2s。新能源电站在频率响应控制期间应保持输出功率的稳定。

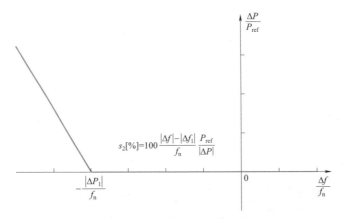

图 3-18 LFSM-U 响应要求

（2）德国。VDE－AR－N 4120：2017 标准对新能源电站的频率响应要求如图 3－19 所示。图 3－19 中 P_{ref} 为新能源电站的实际有功功率，ΔP 为新能源电站的有功功率变化，f_{net} 为电力系统的实际频率。当电力系统的频率在 49.8～50.2Hz 内时，新能源电站的有功功率保持不变；当超出该范围时，新能源电站应根据相应公式增加或减少有功功率。

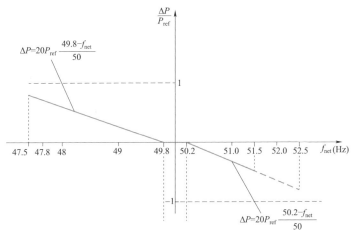

图 3－19　VDE－AR－N 4120：2017 频率响应要求

新能源电站的频率响应延时要求见表 3－9，规定了不同频率变化工况所对应的响应延时要求。因为风力发电的有功功率受风速影响较大，所以对频率下降增加功率的响应延时进行了特殊规定。当有功功率大于 $50\%P_n$ 时，风电场频率响应的延时应小于等于 5s（$\Delta f\leqslant0.5Hz$）；当有功功率小于 $50\%P_n$ 时，对风电场频率响应的延时无要求。

表 3－9　　　　VDE－AR－N 4120：2017 频率响应延时要求

频率变化工况		响应延时
增加功率	在 49.8～47.5Hz 内的频率下降	≤10s
	在 51.5～50.2Hz 内的频率下降	≤5s（$\Delta f\leqslant0.5Hz$）
增加功率	稳定时间	≤30s
减少功率	在 50.2～51.5Hz 内的频率上升	≤2s（$\Delta f\leqslant1.3Hz$）
	在 47.5～49.8Hz 内的频率上升	
	稳定时间	≤20s

（3）澳大利亚。AEMC 标准要求当电力系统的频率升高时新能源电站不能增加有功功率，当电力系统的频率降低时新能源电站不能减少有功功率。同时当电力系统频率超出图 3-2 中的正常运行频带时，新能源电站应具备自动改变有功功率的功能，要求见表 3-10。表 3-10 中 P_{max} 为新能源电站的最大运行功率，f 为电力系统的频率，f_n 为电力系统的额定频率，f_u 为正常运行频带上限，f_l 为正常运行频带下限。

表 3-10   AEMC 频率响应要求

频率变化工况	响应要求
过频减功率	$\geq 20\% P_{max}$ $(f-f_u)$ $/f_n$ 且 $\geq 10\% P_{max}$
欠频增功率	$\geq 20\% P_{max}$ (f_l-f) $/f_n$ 且 $\geq 5\% P_{max}$

（4）中国。国标《风电场接入电力系统技术规定》（GB/T 19963—2011）和《光伏发电站接入电力系统技术规定》（GB/T 19964—2012）未涵盖频率响应的要求。

3.2.2.5　电能质量

发电设备的固有特性决定了对电网电能质量的影响程度，新能源发电设备中的电力电子变流器对电网电能质量的影响尤其明显。风、光资源的波动性同样会带来电能质量问题，另外如风电机组的塔影效应等特性也会引起闪变问题。新能源发电应保证其电能质量在并网标准要求的范围内。电能质量与电压和频率运行范围类似，适用于电力系统内所有的设备和器件，与所接入的电力系统大小、电压等级、新能源发电渗透率无关。而新能源发电距离电力用户越接近，且接入电网越弱，并网标准应对其电能质量的要求越高。因此，新能源发电并网标准的电能质量指标一般遵循传统电力系统的要求。

（1）欧洲。ENTSO-E 标准未涵盖电能质量的要求，但是欧盟的其他标准规定了发电设备的相关要求。例如，EN 61000-3-3 和 EN 61000-3-11 是对电压偏差和闪变的要求，EN 61000-3-2 和 EN 61000-3-12 是对电流谐波的要求等。

（2）德国。VDE-AR-N 4120：2017 标准未涵盖电能质量的具体要求，只在并网运行管理方面提出了要求。在新能源电站并网运行前，新能源电站运营商需要向电网运营商提供电能质量的相关证明材料。双方需要根据实际电网情况协商电能质量要求。在新能源电站的运行过程中，新能源电站配备的电能质量监测装置应能够记录监测结果并定期将结果报送至电网运营商。检测装置的性能指标参照 EN 50160《公共供电网电压特性》标准。

（3）澳大利亚。AEMC 标准规定新能源电站的电压偏差应满足 AS/NZS 61000.3.7：2001 标准的要求，电压谐波和电压畸变应满足 AS/NZS 61000.3.6：2001 标准的要求。同时新能源电站应满足电网运营商对电压不平衡等其他电能质量指标的具体要求。

（4）中国。以下为《风电场接入电力系统技术规定》（GB/T 19963—2011）对电能质量的要求。

1）电压偏差。风电场并网点电压正、负偏差绝对值之和不超过标称电压的 10%，正常运行方式下，其电压偏差应在标称电压的 -3%～+7%内。

2）闪变。风电场所接入公共连接点的闪变干扰值应满足《电能质量　电压波动和闪变》（GB/T 12326—2008）的要求，其中风电场引起的长时间闪变值 P_{lt} 的限值应按照风电场装机容量与公共连接点上的干扰源总容量之比进行分配。

3）谐波。风电场所接入公共连接点的谐波注入电流应满足《电能质量公用电网谐波》（GB/T 14549—1993）的要求，其中风电场向电力系统注入的谐波电流允许值应按照风电场装机容量与公共连接点上具有谐波源的发/供电设备总容量之比进行分配。

4）监测与治理。风电场应配置电能质量监测设备，以实时监测风电场电能质量指标是否满足要求；若不满足要求，风电场需安装电能质量治理设备，以确保风电场合格的电能质量。

以下为《光伏发电站接入电力系统技术规定》（GB/T 19964—2012）对电能质量的要求。

1）电压偏差。光伏发电站接入后，所接入公共连接点的电压偏差应满足《供电电压允许偏差》（GB/T 12325—2008）的要求。

2）电压波动和闪变。光伏发电站接入后，所接入公共连接点的电压波动和闪变值应满足《电能质量　电压波动和闪变》（GB/T 12326—2008）的要求。

3）谐波。光伏发电站所接入公共连接点的谐波注入电流应满足《电能质量　公用电网谐波》（GB/T 14549—1993）的要求，其中光伏发电站并网点向电力系统注入的谐波电流允许值应按照光伏发电站安装容量与公共连接点上具有谐波源的发/供电设备总容量之比进行分配。光伏发电站接入后，所接入公共连接点的间谐波应满足《电能质量　公用电网间谐波》（GB/T 24337—2009）的要求。

4）电压不平衡度。光伏发电站接入后，所接入公共连接点的电压不平衡度应满足《电能质量　三相电压不平衡》（GB/T 15543—2008）的要求。

5）监测与治理。光伏发电站应配置电能质量实时监测设备，所装设的电能质量监测设备应满足《电能质量　监测设备通用要求》（GB/T 19862—2016）的要求。当光伏发电站电能质量指标不满足要求时，光伏发电站应安装电能质量治理设备。

3.2.2.6　仿真模型

仿真分析是辅助电力系统规划和运行的重要手段，因此需要满足电力系统仿真需求的新能源发电仿真模型，设备制造商或新能源电站运营商应提供规定结构和精度的仿真模型。

（1）欧洲。ENTSO-E标准要求新能源发电站的运营商应提供反映稳态和暂态特性的电气仿真模型，并且模型应基于现场实测数据进行验证。模型应基于新能源发电的实际结构和控制策略搭建，并包含保护模型。

（2）德国。VDE-AR-N 4120：2017标准要求新能源发电站运营商提供FGW（Fördergesellschaft Windenergie und andere Erneuerbare Energien，德国风电与可再生能源促进协会）TR4《发电单元及发电站电气仿真模型的建模与模型验证要求》所规定的仿真模型。该仿真模型主要用于机电暂态仿真，且应包含经过验证的发电单元模型及其他辅助设备模型，包括电站控制器、集电系统、无功补偿装置、变压器等。

（3）澳大利亚。AEMC标准要求新能源发电站运营商提供用于进行电力系统潮流和暂态特性仿真的开源电气仿真模型，并提供新能源电站控制系统的说明文件及参数表。

（4）中国。《风电场接入电力系统技术规定》（GB/T 19963—2011）要求风电场开发商应提供可用于电力系统仿真计算的风电机组、风电场汇集线路及风电机组/风电场控制系统模型及参数，用于风电场接入电力系统的规划设计及调度运行。风电场应跟踪其各个元件模型和参数的变化情况，并随时将最新情况反馈给电力系统调度机构。

《光伏发电站接入电力系统技术规定》（GB/T 19964—2012）要求光伏发电站应建立光伏发电单元（含光伏组件、逆变器、单元升压变压器等）、光伏发电站汇集线路、光伏发电站控制系统模型及参数，用于光伏发电站接入电力系统的规划设计及调度运行。光伏发电站应跟踪其各个元件模型和参数的变化情况，并随时将最新情况反馈给电网调度机构。

第 4 章

故障穿越能力评价技术

由于电网故障持续时间较短，一般为几十至几百毫秒，而新能源电站的控制系统响应时间一般为秒级，在故障期间无法发挥作用，因此新能源电站的故障穿越能力主要体现在新能源发电单元的故障运行特性上。然而，由于受发电单元数量、类型、发电系统电气结构、无功补偿装置的动态特性及所接入电网强弱的影响，发电单元具备低电压穿越能力并不能保证新能源电站整体的低电压穿越特性满足要求。因此需要对新能源电站的整体低电压穿越能力进行评估。

新能源电站装机容量大、接入系统电压等级高，通过人为制造电网故障的方法验证新能源电站的低电压穿越能力，对周边电网的安全稳定运行及电网设备寿命有较大影响，并且受电网运行状态和保护的约束难以准确形成一定电压跌落幅度和故障持续时间的短路故障，仅能作为功能校验性试验，不能作为全面判断新能源电站低电压穿越能力的型式试验。因此一般采用基于仿真分析的方法评价新能源电站的低电压穿越能力。

本章将首先介绍新能源发电单元的故障穿越基本原理，然后介绍新能源发电单元的建模和模型验证技术，给出风电机组模型验证实例，在此基础上介绍新能源发电站低电压穿越能力的建模和评价技术，并给出典型风电场低电压穿越能力评价实例，最后介绍新能源发电高电压穿越技术。

4.1 新能源发电单元故障穿越基本原理

按照风电机组的构成原理和并网形式，国际电工委员会（International Electrotechnical Commission，IEC）、电气与电子工程师学会（Institute of Electrical and Electronics Engineers，IEEE）、国际大电网组织（International Council on Large Electric Systems，CIGRE）等国际组织广泛接受将其分为四种类型。

1 型风电机组：普通异步发电机直接并网型风电机组。

2 型风电机组：滑差控制变速风电机组。

3 型风电机组：双馈风电机组。

4 型风电机组：全功率变频型风电机组。

光伏发电单元在并网形式上与 4 型风电机组类似，通过逆变器与电网连接。虽然根据光伏阵列的分布及连接方式不同，光伏发电单元可以细分为多种类型，但由于其基本原理和低电压穿越特性相同，本书不做深入探讨。

4.1.1 1 型风电机组

1 型风电机组采用异步发电机直接并网，主要由风力机、齿轮箱、异步电机、机端并联电容器等构成，如图 4−1 所示。风力机通过齿轮箱与异步发电机相连，电容器组提供无功补偿。1 型风电机组主要采用鼠笼式感应发电机（Squirrel Cage Induction Generator，SCIG），并且都配有仅在风电机组启动时工作的软启动器。这类风电机组通常在很小的转差变化范围内运行，因此通常被称作定速型风电机组。

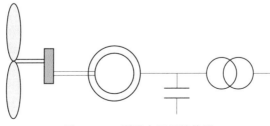

图 4−1 1 型风电机组结构图

由于 1 型风电机组定子侧直接连接电网，其短时过电流和过电压能力较强，但是因为缺乏对转矩和转速的有效控制，所以在电网电压跌落到额定值的 80%~90%时，保护装置就会将风电机组从电网切出。电磁转矩和机械转矩不平衡导致的发电机转子超速是电压跌落造成定速风电机组脱网的主要原因。在定子电压跌落的暂态过程中，发电机电磁转矩会随之减小，在机械转矩几乎不变的情况下，必然导致电机转速上升。要防止电压跌落期间风电机组转速快速升高，最直接有效的办法就是抬升风电机组定子端电压。同时，电网电压跌落期间发电机转速的增加会导致其从电网吸收更多的无功功率，易导致电网电压出现稳定性问题。并且在电网故障清除后风电机组端口电压往往不能迅速恢复至正常水平，进而降低了风电机组的动态稳定裕度。

定速型风电机组的低电压穿越的实现方案均是通过抬升故障时的电网电压来实现的，按照安装位置来分，补偿设备既有在风电场并网点集中安装的，又有分散安装在每台风电机组出口端的。前者在一定程度上可以起到控制成本的作用，但弊端也很明显，一方面需要专门的空间进行放置，另一方面中压侧的设备需要更高的耐压等级与功率等级，而且控制更加复杂。

按设备类型分，可分为无源方案和有源方案两种。有源型改造设备的主要部件一般为大型电力电子设备，体积小，安装方便，对故障反应灵敏，补偿效果较好；相对而言，无源型改造设备由电抗、电容或制动电阻构成，辅以简单的控制，成本及故障率较低。一般将改造设备串联在风电机组和电网之间，改造设备的作用有两个，一是要在跌落期间对电压进行有效补偿，二是吸收风电机组侧多余的有功功率。

4.1.2　2 型风电机组

2 型风电机组与 1 型风电机组结构相似，主要由风力机、齿轮箱、异步电机、机端并联电容器等构成，如图 4-2 所示。不同的是 2 型风电机组采用绕线转子异步发电机，且转子回路配有可变电阻，通过调节转子电阻来实现异步发电机的变速运行。但是 2 型风电机组的速度调节范围有限，且转子电阻降低了风电机组的整体效率。

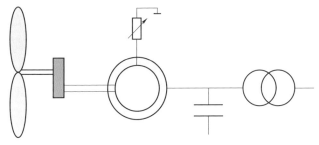

图4-2 2型风电机组结构图

2 型风电机组的低电压穿越实现方案与 1 型风电机组类似，不再详细介绍。

4.1.3 3型风电机组

3 型风电机组采用双馈异步发电机，发电机的定子直接与电网连接，而转子通过背靠背变流器与电网连接，主要由风力机、齿轮箱、双馈感应发电机、电机侧变流器、网侧变流器等构成，如图4-3所示。

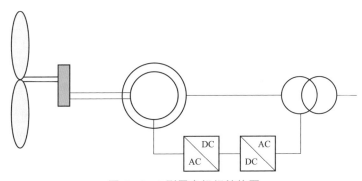

图4-3 3型风电机组结构图

当电网故障引起电压跌落时，首先将引起双馈感应发电机的定子电流增大，由于故障瞬间磁链不能突变，定子磁链中将感生出直流分量（不对称跌落时存在负序分量），其切割转子绕组会产生很大的感应电动势，导致转子电流增大。由于变流器电力电子器件的过压和过流能力有限，增加了风电机组低电压穿越的难度。同时，定、转子电流的大幅度波动会造成双馈发电机电磁转矩的剧烈变化，对风电机组机械系统产生很大的应力冲击。

从能量的角度考虑，电网电压骤降会使风电机组吸收的风能无法全部从定子送出，而风力机吸收的风能又不会明显变化，这将首先导致机组转速的升高，进而使得流经转子侧变流器的转差能量增加，从而导致了转子电流的增大。能量流经转子侧变流器后，一部分被网侧变流器传递到电网，剩下的给直流电容充电导致直流母线电压的快速升高。如果不及时采取保护措施，仅靠定、转子绕组自身漏抗不足以来抑制浪涌电流，过大的电流和电压将导致转子侧变流器，定、转子绕组绝缘以及直流母线电容的损坏。同时，转矩的振荡会冲击传动链，影响齿轮箱的寿命。

当电网发生故障时，发电机的出口电压会降低，如果机械转矩保持不变，发电机电磁转矩减小会造成转子加速。电网故障消失后，系统电压恢复时发电机会从电网中吸收大量无功电流来重建发电机内部电磁场，就会导致电网中出现较大的冲击电流，并在风力发电机和线路上产生很大电压降，进一步降低了风力发电机出口电压。

3 型风电机组可以在感应电机转子侧装设撬棒保护电路，使其能够在转子电流过高时通过投入保护电路将发电机变为感应电机，也可以装备足够容量的发电机侧变流器和斩波卸荷电路，以实现低电压穿越并且无须旁路或断开变流器。

转子撬棒保护电路方案被目前商业化风电机组广泛采用，当双馈电机转子过流或变流器直流母线过压时，转子侧变流器闭锁，同时将撬棒保护电路接入转子回路。根据撬棒保护电路开关器件可分为被动式和主动式两类。被动式采用半控型开关器件，因为双馈电机转子电流频率通常较低，开关器件一旦动作后难以关断，无法满足风电机组故障期间及时发出无功电流支撑电网电压的要求。主动式撬棒保护电路采用门极关断晶闸管或绝缘栅双极型晶体管等全控型开关器件，可以随时将保护电路从转子侧切除，控制更加灵活。

然而，如果故障前电机处于次同步状态，撬棒保护电路切入后电机必将进入电动机状态，会从电网吸收大量的有功和无功，不利于电网电压、频率恢复；如果故障前电机处于超同步状态，撬棒保护电路切入后电机必将保持发电机状态，但电磁转矩随定子电压减小而减小，电机转速会上升，转差率增大，从电网吸收的无功也将持续增大，同样不利于电网电压恢复，同时电机也可能失去稳定。

　　装备足够容量的发电机侧变流器并在变流器直流母线上并联斩波卸荷电路的低电压穿越方案的目的也是接入能耗电阻消耗多余能量，以抑制转子过流和直流母线过压。当双馈电机转子过流或变流器直流母线过压时，转子侧变流器闭锁，同时控制直流斩波卸荷电路开关将耗能电阻投入。一般在转子侧变流器的开关器件两端并联一组二极管，以提高转子电流流向直流侧的过电流能力。

4.1.4　4 型风电机组

　　4 型风电机组通过全功率变流器与电网连接，主要由风力机、齿轮箱、发电机、电机侧变流器、网侧变流器等构成，如图 4-4 所示。发电机可以是同步发电机或异步发电机。

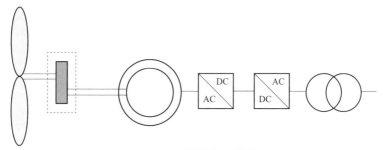

图 4-4　4 型风电机组结构图

　　当电网故障导致电压跌落时，发电机电枢绕组不会产生过电压和过电流，4 型风电机组只需在网侧变流器和直流侧采取相应措施，不会影响机侧变流器和发电机的正常运行。主要涉及的问题是抑制网侧变流器两侧的功率不平衡导致的直流母线电压升高。因为变流器的过流能力有限，当电网电压跌落时，网侧变流器的输出功率降低，但是发电机的输出功率仍持续由机侧变流器传输到直流侧，导致直流母线电压升高。普遍采用的低电压穿越方案就是在直流侧增加斩波卸荷电路，以消耗多余的能量。在发电机定子侧增加卸荷电路也可以起到消耗掉多余能量的作用，这种方式的保护电路实现简单，缺点是对发电机输出有较大影响。

4.1.5 光伏发电单元

光伏发电单元主要包括光伏阵列和逆变器两部分，其结构如图 4-5 所示。光伏阵列由多块光伏电池采用串并联形式构成，由光生伏打效应将太阳能转换为直流电能，并通过逆变器转换成交流电并入电网。

当电网故障导致光伏发电单元端口电压跌落时，由于逆变器输出电流受限导致其馈入电网的功率下降。若光照强度在短时间内保持不变，则光伏阵列输出的功率不变，逆变器两端的功率差会导致直流母线电压上升。若电网故障为非对称故障，电网电压的负序分量还会导致逆变器直流母线电压和输出功率的脉动。

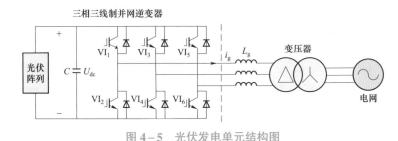

图 4-5　光伏发电单元结构图

光伏发电单元与全功率变频型风电机组相同，均通过变流器与电网连接，但是二者的低电压穿越实现方案并不相同。全功率变频型风电机组在电网故障期间通过直流侧的卸荷电路释放风力机输出的多余能量，以平衡网侧变流器两端的功率不平衡，从而避免直流母线电压过高导致设备损坏或风电机组脱网。光伏发电单元没有旋转机械部件，光伏电池端电压的变化会使其输出功率迅速变化，当电网故障导致直流母线电压升高时，光伏电池的输出功率将自动减小，该特性使得光伏发电单元能够更容易实现低电压穿越。因此光伏发电单元一般不需要增加额外的卸荷电路。

4.2　新能源发电单元仿真建模技术

根据不同的模型仿真需求，新能源发电单元模型可以分为多种类型。针对新能源发电单元的部件设计和控制策略研究，主要关注新能源发电单元本体的内部特性，需要按照实际拓扑结构搭建仿真模型，如变流器作为核心部件应能够模拟其开关特性，此类模型的仿真步长一般为微秒级。针对新能源电站并网运行和故障响应研究，主要关注新能源发电单元及新能源电站对电网的外部特性，需要基于实际拓扑进行模型简化，以满足发电单元数量多、电网结构复杂的仿真要求，此类模型的仿真步长一般为毫秒级。针对区域性新能源发电的调度运行研究，主要关注新能源发电长时间尺度的功率波动，需要对模型进一步简化抽象，此类模型的仿真步长一般为秒级。

从模型仿真结果形式角度，可以分为电磁暂态模型和机电暂态模型两类。电磁暂态模型的仿真结果是三相交流波形，能够模拟电磁暂态过程（EMT）和一系列部件的非线性特性。50Hz 交流系统的一个周期是 20ms，借助香农采样定理可知，当仿真步长小于等于 10ms 时能够不失真的仿真复现交流系统波形。然而在实际工程应用中的交流系统波形并非是理想正弦波，尤其是在新能源并网的暂态稳定性仿真中应进一步缩小仿真步长时间，通常选取仿真步长小于 1～5ms。机电暂态模型的仿真结果是三相交流波形的方均根（RMS）波形，能够模拟机电暂态过程和暂态稳定性运行特性。因为方均根值仿真结果不受交流系统频率限制，所以通常选取仿真步长大于 1～5ms。可将微秒级、毫秒级、秒级三类不同用途的仿真模型对应电磁暂态和机电暂态进行分类。微秒级仿真模型属于电磁暂态范畴，毫秒级仿真模型既可以属于电磁暂态范畴也可以属于机电暂态范畴，秒级仿真模型则属于机电暂态范畴。

从新能源发电单元模型特性角度，可以分为通用模型和专有模型两类。通用模型是基于新能源发电单元的一般原理和结构，采用典型参数和控制逻辑，反映基本动态特性。专有模型是基于新能源发电单元制造商的实际设计、参数和控制逻辑，涵盖特殊组件和功能，反映真实动态特性。需要说明的是通用模型与专有模型并没有明确的界限。往往通用模型是基于详细专有模型的逐步抽象简化，通过降低仿真精度来提高通用性。对微秒级、毫秒级、秒级三类不同用途的仿真模型进一步分类，微秒级仿真模型涉及具体的部件特性和控制策略，因此属于专有模型范畴，毫秒级仿真模型既可以属于专有模型范畴也可以属于通用模型范畴，秒级仿真模型则属于通用模型范畴。

根据仿真结果形式和模型特性两个分类维度可以构建新能源发电单元电气仿真模型分类坐标系。横轴按照仿真步长划分为电磁暂态和机电暂态两类仿真结果形式，纵轴按照模型特性从专有模型过渡到通用模型。通过分析可知越靠近坐标轴的零点仿真模型的精度越高，反之越远离零点仿真模型的精度越低。

当通过仿真手段评价新能源电站的低电压穿越能力时，由于新能源电站中包含数十甚至上百个新能源发电单元，若采用小仿真步长的电磁暂态模型，模型准确度虽然能够保证，但仿真效率低且易导致仿真不收敛，难以实现对大规模新能源电站的仿真分析。同时低电压穿越特性仿真主要关注新能源电站对电网的外部特性，机电暂态仿真模型可以满足分析评价的需求。然而，新能源电站低电压穿越仿真研究不同于定性的机理研究，需要反映与实际相符的动态特性，如低电压穿越过程中的暂态响应、稳态控制和保护动作等，因此需要采用专有仿真模型。以下为具体要求。

（1）模型应采用专有机电暂态仿真模型，仿真步长为 1～5ms。

（2）风电机组模型应包含风电机组正常运行和故障运行中对并网性能有明显影响的部件，包括风力机气动部件、电气部件、控制、安全及故障保护等模块。

（3）光伏发电单元模型可参考全功率变频型风电机组。

在仿真模型架构方面，对于目前市场装机量最大的 3 型和 4 型风电机组，其模型均包含风速模型、风力机模型、传动链模型、变桨模型、发电机变流器模型、电网侧电气模型、控制模型及保护模型等子模型，其模型结构在形式上具有统一性。这种统一性是风电机组能量转换形式统一性的体现，其能量转换过程必然包含气动、机械、电气三大部件。风电机组模型结构上的统一性，也在很大程度上规定了风电机组的基本运行过程也具有统一性，启动、并网、并网后 MPPT 运行、恒转速运行、恒功率运行、断网、停机。当然，不同型式的风电机组，也具有其特点。双馈式风电机组具有两个电端口，而直驱式风电机组则只有一个电端口；双馈式风电机组传动链包含齿轮箱，而直驱式风电机组无须齿轮箱等。因此，尽管风电机组模型结构在形式上具有统一性，但也应注意其存在的差异性，这也是进行风电机组建模的基本策略和基本要求。

4.2.1　风电机组通用模型结构

基于本书 4.1 节的分析，可将风电机组分为四类分别建模，包括 1 型——定速风电机组，2 型——滑差控制变速风电机组，3 型——双馈风电机组，4 型——全功率变频风电机组。本节分别针对这四类风电机组，建立其通用模型结构。各子模块通用模型将在 4.2.2 节中详细描述。

（1）1 型风电机组模型。对于不具备变桨控制能力的 1 型风电机组，其模型的模块化结构如图 4－6 所示。模型包含气动模型、机械模型、发电机组模型、电气设备模型和电网保护模型。其中，气动模型为恒定气动转矩模型，机械模型为两质量块模型，发电机模型为异步发电机模型，电气设备模型一般包含旁路电容模型、断路器模型、变压器模型。

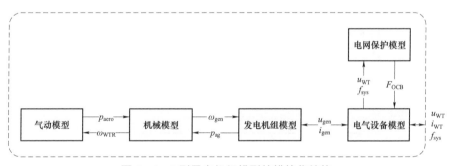

图 4－6　1 型风电机组模型的模块化结构

图 4－6 中，p_{aero} 为气动功率信号，ω_{WTR} 为风轮转速，ω_{gen} 为发电机转速，p_{ag} 为发电机（气隙）功率信号，u_{gen} 为发电机电压，i_{gen} 为发电机电流，u_{WT} 为风电机组输出端电压，i_{WT} 为风电机组输出端电流，f_{sys} 为电力系统频率，F_{OCB} 为断路器标志位（0，1）。

（2）2 型风电机组模型。2 型风电机组模型的模块化结构如图 4－7 所示，模型包含控制模型、机械模型、发电机组模型、电气设备模型和电网保护模型。此处需要注意的是气动影响已经被嵌入在控制模型中，因此气动模型并未在 2 型风电机组模型的模块化结构中体现。其中，机械模型为两质量块模型，发电机模型为异步发电机模型，电气设备模型一般包含旁路电容模型、断路器模型、变压器模型。控制模型包含变桨控制模型和转子电阻控制模型，其模块化结构如图 4-8 所示。控制模型通过桨距角控制模块和转子电阻控制模块来控制有功功率，并将无功功率或电压控制参考值输入至电气设备控制模型中的旁路电容器模型。其中，桨距角控制模块根据风电机组输出端口电压控制气动功率输出，转子电阻控制模块根据风电机组输出端有功功率、发电机转速和电网频率确定转子电阻值。

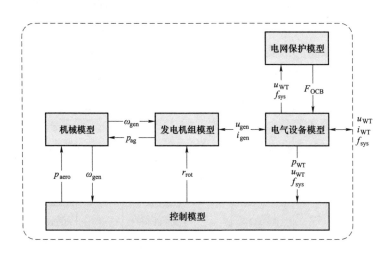

图 4-7　2 型风电机组模型的模块化结构

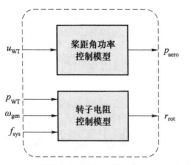

图 4-8　2 型风电机组控制模型的模块化结构

图 4-7 中，r_{rot} 为异步发电机转子阻抗，p_{WT} 为风电机组输出端有功功率，u_{WT} 为风电机组输出端电压。

（3）3 型风电机组模型。3 型风电机组模型的模块化结构如图 4-9 所示。模型包含控制模型、气动模型、机械模型、发电机组模型、电气设备模型和电网保护模型。其中，机械模型为两质量块模型，电气设备模型一般包含断路器模型、变压器模型，控制模型包含桨距角控制和变流器控制。本书中 3 型风电机组模型均采用电压定向控制。

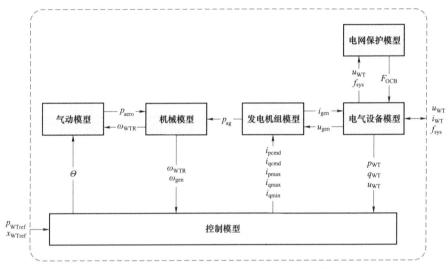

图 4-9　3 型风电机组模型的模块化结构

图 4-9 中，p_{WTref} 为风电机组输出端有功功率参考值，x_{WTref} 为风电机组输出端无功功率参考值或电压变化量参考值，取决于风电机组的控制模式，Θ 为桨距角（deg），i_{pcmd} 为发电系统的有功电流指令，i_{qcmd} 为发电系统的无功电流指令，i_{pmax} 为最大有功电流，i_{qmax} 为最大无功电流，i_{qmin} 为最小无功电流，q_{WT} 为风电机组输出端无功功率信号。

（4）4 型风电机组模型。4 型风电机组一般配置了斩波卸荷电路防止直流电容过电压以保护变流器。对于具有斩波卸荷电路的 4 型风电机组，从建立用于电力系统稳定分析的风电机组仿真模型角度出发，机侧变流器、发电机、传动链、空气动力学模块和桨距角控制系统可以简化。由于变流器使传动链和电网解耦，所以简化模型一般是满足要求的。4 型风电机组模型的模块化结构如图 4-10 所示。模型包含控制模型、发电机组模型、电气设备模型、电网保护模型。其中，电气设备模型一般包含断路器模型、变压器模型，控制模型包含网侧变流器控制模型。本书中 4 型风电机组模型均采用电压定向控制。

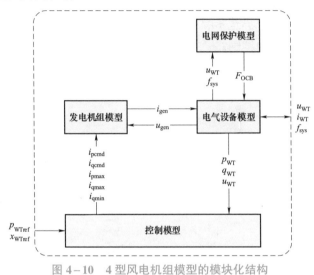

图 4-10　4 型风电机组模型的模块化结构

4.2.2　风电机组子模块通用模型

（1）气动模型。风力机气动模型模拟风能获取，获得的风功率可由式（4-1）表示。其中，风能转换效率系数 C_p 可根据叶片的气动特性表，由叶尖速比和叶片桨距角查表得到，根据贝茨理论，其理论最大值为 0.593。气动模型结构如图 4-11 所示。

$$P_{aero} = \frac{\pi}{2} \rho C_p R^2 v_W^3 \qquad (4-1)$$

式中　ρ——空气密度；

　　　R——风力机叶轮半径，m；

　　　v_W——风速，m/s。

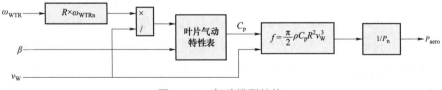

图 4-11　气动模型结构

图 4-11 中，ω_{WTR} 为风轮转速，ω_{WTRn} 为风轮额定转速，P_n 为风电机

组额定功率。

（2）传动链模型。风电机组传动链也是风电机组的重要组成部分。目前，常用的传动链模型有刚性模型和柔性模型两大类。刚性模型，认为传动链轴系是刚性的，因此传动链两端的角位移是相等的，即轴系两端的旋转体只有一个自由度，可以用一个质量块加以替代；柔性模型，认为传动链轴系是有弹性的，因此传动链两端的角位移是有差异的，即轴系两端的旋转体有两个自由度，用两个质量块才能替代。

两质量块传动链模型能够较好地反映电网故障情况下传动链的扭矩动态响应特性，传动链两质量块模型如图 4－12 所示。输入为气动功率和发电机气隙功率，输出为风轮转速和发电机转速。图 4－12 中，H_{WTR} 为风电机组风轮惯性常数，H_{gen} 为发电机惯性常数，k_{drt} 为传动链刚度系数，c_{drt} 为传动链阻尼系数。

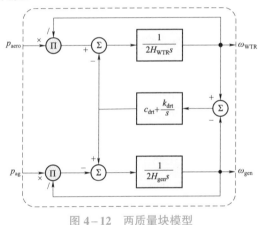

图 4－12　两质量块模型

（3）发电机组模型。四种类型风电机组的发电机组模型采用不同的仿真模型。其中，1 型和 2 型风电机组的发电机组模型为发电机模型，3 型和 4 型风电机组的发电机组模型为发电机和变流器系统模型。

$$\begin{cases} u_{sd} = -\omega_0 \psi_{sq} + R_s i_{sd} \\ u_{sq} = \omega_0 \psi_{sd} + R_s i_{sq} \\ u_{rd} = \dfrac{d\psi_{rd}}{dt} - (\omega_0 - \omega_{gen})\psi_{rq} + (R_r + \Delta R) i_{rd} \\ u_{rq} = \dfrac{d\psi_{rq}}{dt} + (\omega_0 - \omega_{gen})\psi_{rd} + (R_r + \Delta R) i_{rq} \\ \psi_{sd} = L_s i_{sd} + L_m i_{rd} \\ \psi_{sq} = L_s i_{sq} + L_m i_{rq} \\ \psi_{rd} = L_r i_{rd} + L_m i_{sd} \\ \psi_{rq} = L_r i_{rq} + L_m i_{sq} \end{cases}$$

图 4－13　1、2、3 型风电机组发电机模型

1 型、2 型、3 型风电机组的发电机模型应反映转子磁链的暂态特性，可忽略定子磁链的暂态特性，在同步速旋转 dq 坐标系下电机模型如图 4-13 所示。模型中的 L、R、u、Ψ、i 分别表示电感、电阻、电压、磁链和电流，下标为 d 和 q 的变量分别代表 d 轴和 q 轴分量，下标为 s 和 r 的变量分别代表定子和转子变量，L_m 为励磁电感，ω_0 为同步转速。对于不同类型的风电机组，ΔR 取值不同。

1 型风电机组的发电机模型采用图 4-13 所示的发电机模型，其中，$u_{rd}=0$，$u_{rq}=0$，$\Delta R=0$。

2 型风电机组的发电机模型采用图 4-13 所示的发电机模型，其中，$u_{rd}=0$，$u_{rq}=0$，ΔR 为可变转子电阻 r_{rot}。

3 型风电机组发电机和变流器系统模型如图 4-14 所示。图中，发电机模型如图 4-13 所示，当 F_1 置 0 时，$\Delta R=0$；当 F_1 置 1 时，ΔR 为撬棒电阻 $R_{crowbar}$；u_{rd} 和 u_{rq} 为机侧变流器模型输出。机侧变流器模型被模拟为可控的电压源，网侧变流器模型被模拟为可控的电流源。控制系统参考坐标系和电网电压参考坐标系中用于定向的电压相角宜采用锁相环测得。图中，Im 为取虚部算子，Re 为取实部算子。

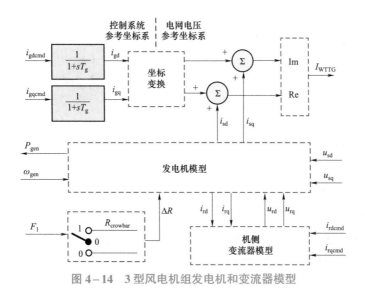

图 4-14　3 型风电机组发电机和变流器模型

对于具有斩波卸荷电路的 4 型风电机组，发电机和变流器系统模型可简化模拟，如图 4-15 所示，发电机和变流器系统被模拟为可控的电流源。

图 4-15　4 型风电机组发电机和变流器模型

（4）控制模型。风电机组电气仿真控制模型应根据实际控制策略准确建模。不同类型风电机组控制模型包含的控制模块不同。控制模型典型控制模块包括桨距角控制、有功功率控制、无功功率控制及与低电压穿越相关的控制模块等。

2 型风电机组控制模型包含桨距角控制模型和可变转子电阻控制模型。3 型风电机组控制模型包含桨距角控制模型、机侧变流器控制和网侧变流器控制。

1）桨距角控制模型。桨距角控制模型如图 4-16 所示。模型为典型的转速 PI 和功率 PI 双环结构及带限值的抗饱和一阶惯性环节的变桨控制模型。对于低电压穿越期间具有快速变桨功能的风电机组，应在桨距角控制模型中增加快速变桨功能的模拟。

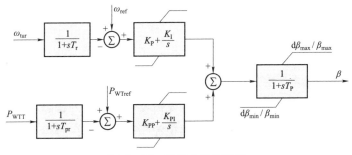

图 4-16　桨距角控制模型

2）可变转子电阻控制模型。可变转子电阻控制模型如图 4-17 所示。值得注意的是，ω_{gen} 和 f_{WT} 的有名值有不同的单位，不能直接相加减，但在本模型中二者为标幺值，考虑到角速度和频率之间的简单比值关系，实际相当于 ω_{gen} 减去 ω_{WT}。

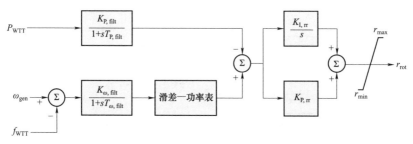

图 4－17 可变转子电阻控制模型

3）3 型风电机组机侧变流器控制模型。机侧变流器控制模型如图 4－18 所示，包括故障穿越状态判断、稳态运行控制、故障穿越运行控制。用于输出机侧变流器有功电流指令 i_{rdcmd} 和无功电流指令 i_{rqcmd}。

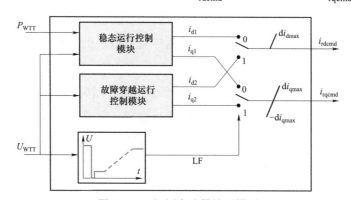

图 4－18 机侧变流器控制模型

图 4－18 中，LF 为故障穿越状态判断标志。LF 通过检测风电机组机端电压并根据低电压穿越曲线判断，当风电机组机端电压满足低电压穿越曲线允许运行范围时，LF 置 0，机侧变流器电流指令为稳态运行控制模块的输出；否则，LF 置 1，机侧变流器电流指令为故障穿越运行控制模块的输出。

稳态运行时，机侧变流器实现有功和无功解耦控制。通过有功功率控制实现最大功率追踪，根据机组运行模式不同，无功功率控制包括恒功率因数控制和恒电压控制两种模式。机侧变流器稳态运行控制下，有功功率控制模型如图 4－19 所示，无功功率控制模型如图 4－20 所示。

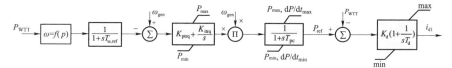

图 4－19　稳态运行下有功功率控制模型

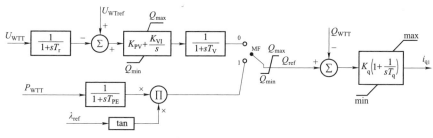

图 4－20　稳态运行下无功功率控制模型

图 4－20 中，MF 为无功控制模式判断标志，MF 置 0 时为恒电压控制模式，MF 置 1 时为恒功率因数控制模式。

通过检测风电机组机端电压并根据低电压穿越曲线判断是否进入故障穿越运行控制状态，在故障穿越运行控制下，变流器电流输出切换到故障穿越运行控制模块的输出。故障穿越运行控制模块主要包括故障穿越过程中变流器输出的有功电流和无功电流控制。无功电流 i_{q2} 应能模拟风电机组低电压穿越期间对电网的无功电流支撑能力，有功电流 i_{d2} 和无功电流 i_{q2} 应保证满足式（4－2）的关系：

$$i_{d2}^2 + i_{q2}^2 \leqslant I_{max}'^2 \tag{4-2}$$

式中　I_{max}'——变流器暂态过程中允许输出的最大电流。

4）3 型风电机组网侧变流器控制模型。网侧变流器控制用于输出网侧变流器有功电流指令 i_{gdcmd} 和无功电流指令 i_{gqcmd}。有功电流分量用于控制直流电容电压恒定，直流电容电压控制模块如图 4－21 所示。无功电流指令用于控制电网侧变流器发出的无功功率，一般设置输出为 0。

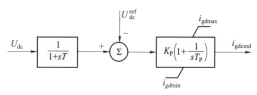

图 4－21　直流电容电压控制模型

5）4型风电机组控制模型。控制系统模型如图4-22所示,包括故障穿越状态判断、稳态运行控制、故障穿越运行控制,用于输出网侧变流器有功电流指令i_{gdcmd}和无功电流指令i_{gqcmd}。

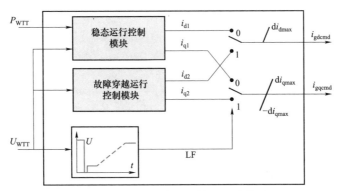

图4-22　4型风电机组控制系统模型

故障穿越状态判断、故障穿越运行控制可参考3型风电机组机侧变流器控制。

稳态运行控制包括有功功率控制和无功功率控制。有功功率控制模型如图4-19所示,无功功率控制模型如图4-20所示。

(5)电网保护模型。电网保护模型包括过/欠压保护和过/欠频保护。其他与低电压穿越过程相关的保护如超速保护等宜在模型中体现。对于3型风电机组,保护模块应模拟撬棒保护电路的动作特性。对于3型风电机组和4型风电机组采用斩波卸荷电路时,如果需要准确模拟直流电容电压的动态,则斩波卸荷电路的动作特性需要模拟。

对每一组单独的保护阈值和断开时间,如果相应变量在一定断开时间内持续超过保护阈值,则风电机组模型保护将动作。

(6)电气设备模型。电气设备模型是指与风电机组机端连接的电气设备,一般包括断路器模型和变压器模型,对于1型和2型风电机组,还包括在风电机组机端配置的旁路电容器模型。

1)旁路电容器模型。对机械开关投切电容器(MSC),应使用在仿真工具中的标准电容器模型。对于晶闸管投切电容器(TSC),可以使用标准SVC模型。通常风电机组补偿装置不包含电抗器,但是在SVC中电抗器是标准配置。

2）断路器模型。断路器模型应使用仿真工具中的标准断路器模型。

3）变压器模型。变压器模型应采用仿真软件中的标准变压器模型，考虑一次绕组电阻、一次绕组漏抗、二次绕组电阻、二次绕组漏抗、线圈匝数比、变压器联结组别、变压器分接头位置等参数的影响。

4.2.3　光伏发电单元模型

光伏发电单元模型的模块化结构如图 4-23 所示，模型包含光伏方阵模型、逆变器模型、单元升压变压器模型。其中，光伏方阵模型应能反映不同辐照度和温度下光伏方阵的光电转换特性。逆变器模型应能反映逆变器并网电气特性，至少包括并网接口和控制保护两部分，其连接关系如图 4-24 所示。变压器模型应采用仿真软件中的标准变压器模型。

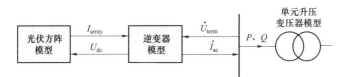

图 4-23　光伏发电单元模型的模块化结构

逆变器机电暂态模型具体包括逆变器的 PWM 调制、直流侧电容、逆变器有功和无功控制、故障穿越控制、逆变器电压电流和频率保护、厂站级有功无功控制等环节。根据不同的机电暂态分析需要，可适当简化逆变器的 PWM 调制环节、直流侧电容环节。逆变器控制保护模型包含有功、无功控制环节，故障穿越控制及保护环节，电流控制环节，可参考 4 型——全功率变频风电机组建模，本书不再详细描述。

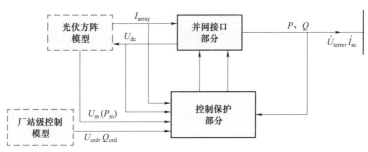

图 4-24　逆变器机电暂态模型连接关系

4.3 新能源发电单元仿真模型验证技术

仿真模型的准确性对仿真结果的真实性和可信度有重要的影响，因此对仿真模型准确性的验证是新能源电站低电压穿越仿真的基础。模型验证首先将模型的仿真数据与基准数据进行对比，然后依据相关标准判断模型仿真特性与实际设备特性的一致性。基准数据可以是实时仿真的结果、现场测试数据或者运行监测数据等，其中基于现场测试数据的模型验证往往具有更加显著的优点。与新能源发电单元模型验证相关的国际和国家标准所采用的模型验证方式均基于低电压穿越现场测试数据。

新能源发电单元的低电压穿越现场测试通过硬件设备在并网点模拟电网故障，以测试其低电压穿越能力。目前国际通用的检测方法是阻抗分压法，如图 4-25 所示。

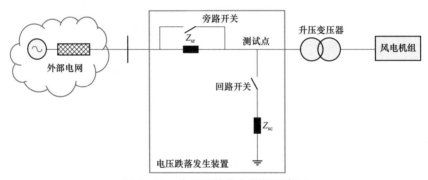

图 4-25 电压跌落发生装置示意图

电压跌落发生装置由限流电抗器和短路电抗器组成 T 形电路串接在新能源发电单元的升压变压器高压侧。限流电抗器功能是限制故障模拟对电网的影响，而短路电抗器则是模拟电网故障。因此在进行低电压穿越测试时，首先将旁路开关断开使限流电抗器串入电网中，然后通过控制短路开关的闭合和断开来制造电网故障。通过三相短路开关的开断模式、电抗器和电网等效阻抗的不同组合可以模拟不同的故障类型和故障电压跌落深度。

完成现场测试后，应按照电压跌落发生装置、变压器等设备的实际参数，以及电网的等效阻抗配置对应的仿真模型参数，使新能源发电单元模型仿真的外部条件与现场测试匹配。然后基于测试工况设置仿真工况，并进行新能源发电单元的低电压穿越仿真。对仿真和测试得到的电压、有功功率、无功功率、无功电流的基波正序分量进行比较，计算仿真数据与测试数据的偏差，验证模型的准确性。本书重点介绍风电机组模型验证技术，由于光伏发电单元模型验证技术与风电机组模型验证技术原理相同，对光伏发电单元模型验证技术不再做详细描述。

风电机组模型验证采用风电机组变压器低压侧数据验证，模型验证针对基波正序分量，考核量包括电压、有功功率、无功功率和无功电流。对模型验证的工况要求如下。

依照风电机组低电压穿越实际测试的功率范围，模型验证应分别在以下两种有功功率输出状态下进行。一种为大功率输出状态，即 $P > 0.9P_n$；另一种为小功率输出状态，即 $0.1P_n \leq P \leq 0.3P_n$。模型验证的故障类型为三相短路故障和两相短路故障。模型验证的电压跌落工况应包括三相电压跌落和两相电压跌落情况下（0.75 ± 0.05）U_n、（0.50 ± 0.05）U_n、（0.35 ± 0.05）U_n、（0.20 ± 0.05）U_n 的工况四种。

4.3.1 模型验证步骤

模型验证步骤主要分为数据处理、故障过程分区和偏差计算，以下将分别给予介绍。

（1）数据处理。计算测试数据与仿真数据的线电压、有功功率、无功功率和无功电流的基波正序分量。为保证测试数据与仿真数据对比的有效性，所有模型验证数据应采用相同的量纲、时标和分辨率格式，仿真数据与测试数据的时间序列应同步。

（2）故障过程分区。以实际测试数据为依据，对故障过程进行分区，如图 4-26 所示，即根据测试电压数据，将测试与仿真的数据序列分为 A（故障前）、B（故障期间）、C（故障后）三个时段；根据有功功率和无功电流的响应特性，将 B、C 时段分为暂态区间和稳态区间，其中 B 时段分为 B1（暂态）和 B2（稳态）区间，C 时段分为 C1（暂态）、C2（稳态）区间，若考虑限流阻抗的影响，C 时段还包括 C3（限流阻抗引起的暂态）

和 C4（稳态）区间。

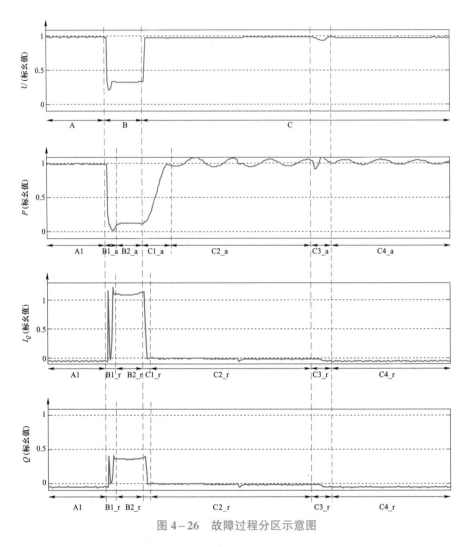

图 4-26　故障过程分区示意图

（3）偏差计算。通过计算测试数据与仿真数据之间的偏差，考核模型的
准确程度。考核的电气量包括电压 U、有功功率 P、无功功率 Q、无功电流
I_Q。其中，电压仿真数据与测试数据的偏差只计算稳态区间平均绝对偏差；
有功功率、无功功率和无功电流为主要考核电气量，其仿真数据与测试数据
的偏差计算，包括平均偏差、平均绝对偏差、最大偏差及加权平均绝对偏差。

其中，各时段暂态区间分别计算平均偏差和平均绝对偏差，稳态区间分别计算平均偏差、平均绝对偏差和最大偏差。

下面将介绍偏差计算的具体方法。在本节所述的偏差计算公式中，用 X_S 和 X_M 分别表示所考核电气量的仿真数据和测试数据基波正序分量的标幺值。K_{Start} 和 K_{End} 分别表示计算偏差时第一个和最后一个仿真、测试数据的序号。

1）稳态区间的平均偏差 F_1。在稳态区间内，计算测试数据与仿真数据基波正序分量差值的算术平均，并取其绝对值，用 F_1 表示为

$$F_1 = \left| \frac{\sum_{i=K_{Start}}^{K_{End}} \left[X_M(i) - X_S(i) \right]}{K_{End} - K_{Start} + 1} \right| \qquad (4-3)$$

2）暂态区间的平均偏差 F_2。在暂态区间内，计算测试数据与仿真数据基波正序分量差值的算术平均，并取其绝对值，用 F_2 表示为

$$F_2 = \left| \frac{\sum_{i=K_{Start}}^{K_{End}} \left[X_M(i) - X_S(i) \right]}{K_{End} - K_{Start} + 1} \right| \qquad (4-4)$$

3）稳态区间的平均绝对偏差 F_3。在稳态区间内，计算测试数据与仿真数据基波正序分量差值的绝对值的算术平均，用 F_3 表示为

$$F_3 = \frac{\sum_{i=K_{Start}}^{K_{End}} \left| \left[X_M(i) - X_S(i) \right] \right|}{K_{End} - K_{Start} + 1} \qquad (4-5)$$

4）暂态区间的平均绝对偏差 F_4。在暂态区间内，计算测试数据与仿真数据基波正序分量差值的绝对值的算术平均，用 F_4 表示为

$$F_4 = \frac{\sum_{i=K_{Start}}^{K_{End}} \left| \left[X_M(i) - X_S(i) \right] \right|}{K_{End} - K_{Start} + 1} \qquad (4-6)$$

5）稳态区间的最大偏差 F_5。在稳态区间内，计算测试数据与仿真数

据基波正序分量差值的绝对值的最大值，用 F_5 表示为

$$F_5 = \max_{i=K_{\text{Start}} \cdots K_{\text{End}}} \left[\left| X_{\text{M}}(i) - X_{\text{S}}(i) \right| \right] \qquad (4-7)$$

6）加权平均绝对偏差 F_{G}。分别计算有功功率、无功功率、无功电流在 A、B、C 时段的平均绝对偏差，以 F_{AP}（A 时段有功功率的平均绝对偏差）、F_{BP}（B 时段有功功率的平均绝对偏差）、F_{CP}（C 时段有功功率的平均绝对偏差）、F_{AQ}（A 时段无功功率的平均绝对偏差）、F_{BQ}（B 时段无功功率的平均绝对偏差）、F_{CQ}（C 时段无功功率的平均绝对偏差）、F_{AIQ}（A 时段无功电流的平均绝对偏差）、F_{BIQ}（B 时段无功电流的平均绝对偏差）、F_{CIQ}（C 时段无功电流的平均绝对偏差）表示。

以 B 时段有功功率的平均绝对偏差 F_{BP} 为例，K_{Start} 和 K_{End} 分别为 B 时段数据序列第一个和最后一个数据的序号。

$$F_{\text{BP}} = \frac{\sum_{i=K_{\text{Start}}}^{K_{\text{End}}} \left[\left| P_{\text{M}}(i) - P_{\text{S}}(i) \right| \right]}{K_{\text{End}} - K_{\text{Start}} + 1} \qquad (4-8)$$

式中　　P_{S}——有功功率的仿真数据基波正序分量的标幺值；

P_{M}——有功功率的测试数据基波正序分量的标幺值。

将各时段的平均绝对偏差进行加权平均，得到整个过程的加权平均绝对偏差。三个区间的权值分别为

A（故障前）：10%；

B（故障期间）：60%；

C（故障后）：30%。

以有功功率为例计算加权平均绝对偏差为

$$F_{\text{G\_P}} = 0.1F_{\text{AP}} + 0.6F_{\text{BP}} + 0.3F_{\text{CP}} \qquad (4-9)$$

4.3.2　验证结果评价

模型验证的偏差计算结果应满足以下两个条件，一是所有工况的稳态区间电压平均绝对偏差不超过 0.05；二是所有工况稳态和暂态区间的有功功率、无功功率和无功电流平均偏差、平均绝对偏差，稳态区间的最大偏差及加权平均绝对偏差应不大于表 4—1 中的偏差最大允许值。

表 4-1 偏 差 最 大 允 许 值

电气参数	F_{1max}	F_{2max}	F_{3max}	F_{4max}	F_{5max}	F_{Gmax}
有功功率，$\Delta P/P_n$	0.07	0.20	0.10	0.25	0.15	0.15
无功功率，$\Delta Q/P_n$	0.05	0.20	0.07	0.25	0.10	0.15
无功电流，$\Delta I/I_n$	0.07	0.20	0.10	0.30	0.15	0.15

表 4-1 中，F_{1max} 为稳态区间平均偏差最大允许值；F_{2max} 为暂态区间平均偏差最大允许值；F_{3max} 为稳态区间平均绝对偏差最大允许值；F_{4max} 为暂态区间平均绝对偏差最大允许值；F_{5max} 为稳态区间最大偏差最大允许值；F_{Gmax} 为加权平均绝对偏差最大允许值。

4.3.3　模型验证实例

根据本书 4.2 节中建立的双馈风电机组和直驱风电机组仿真模型，采用 4.3 节中的模型验证技术对模型的低电压穿越特性进行验证。仅以风电机组运行在额定功率的 90% 以上，电压跌落至额定电压的 20%，发生对称和不对称故障两种工况的验证结果为例进行说明，本节中各个波形图和数据均以标幺值标注。模型验证偏差结果表格中的符号具体定义见表 4-2。

表 4-2 模型验证偏差结果符号定义表

符号	定 义	符号	定 义
A	故障前稳态区间	$F4_{IQ}$	无功电流暂态区间平均绝对偏差
B1	故障期间暂态区间	$F3_P$	有功功率稳态区间平均绝对偏差
B2	故障期间稳态区间	$F4_P$	有功功率暂态区间平均绝对偏差
C1	故障恢复暂态区间	$F3_Q$	无功功率稳态区间平均绝对偏差
C2	故障恢复稳态区间	$F4_Q$	无功功率暂态区间平均绝对偏差
$F1_{IQ}$	无功电流稳态区间平均偏差	FG_{IQ}	无功电流加权平均绝对偏差
$F2_{IQ}$	无功电流暂态区间平均偏差	FG_P	有功功率加权平均绝对偏差
$F1_P$	有功功率稳态区间平均偏差	FG_Q	无功功率加权平均绝对偏差
$F2_P$	有功功率暂态区间平均偏差	$F5_{IQ}$	无功电流稳态区间最大偏差
$F1_Q$	无功功率稳态区间平均偏差	$F5_P$	有功功率稳态区间最大偏差
$F2_Q$	无功功率暂态区间平均偏差	$F5_Q$	无功功率稳态区间最大偏差
$F3_{IQ}$	无功电流稳态区间平均绝对偏差		

4.3.3.1 双馈风电机组模型验证

（1）对称故障。风电机组输出有功功率为额定功率的 90%以上，在电网发生三相短路故障，风电机组变压器高压侧电压跌落至额定电压 20%的工况下，风电机组模型验证结果如表 4-3 和图 4-27 所示。

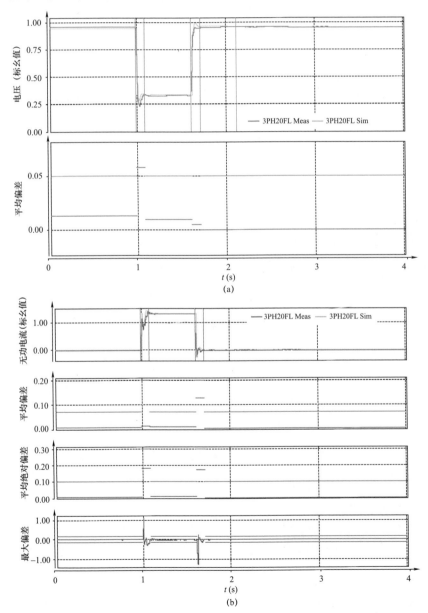

(a)

(b)

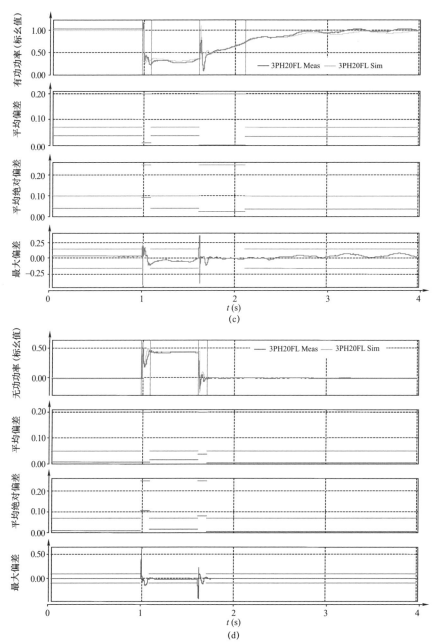

图 4－27　电压跌落至 20%U_n，3 相跌落，$P > 0.9P_n$，模型验证结果对比图
（a）仿真与测试电压对比图；（b）仿真与测试无功电流对比图；
（c）仿真与测试有功功率对比图；（d）仿真与测试无功功率对比图

从表 4-3 可以看出模型仿真与测试结果的一致性，模型的全过程平均绝对偏差最大为 6.1%。

表 4-3 电压跌落至 $20\%U_n$，3 相跌落，$P > 0.9P_n$，模型验证结果

偏差区间	$F1_{IQ}/F2_{IQ}$	$F1_P/F2_P$	$F1_Q/F2_Q$	$F3_{IQ}/F4_{IQ}$	$F3_P/F4_P$	$F4_Q/F4_Q$	FG_{IQ}	FG_P	FG_Q	$F5_{IQ}$	$F5_P$	$F5_Q$
A	0.008	0.038	0.008	0.008	0.038	0.008				0.010	0.045	0.010
B1	0.015	0.011	0.009	0.181	0.092	0.107						
B2	0.009	0.038	0.015	0.011	0.043	0.016	0.027	0.061	0.021	0.051	0.102	0.025
C1	0.127	0.002	0.039	0.171	0.033	0.081						
C2	0.004	0.036	0.004	0.004	0.046	0.004				0.021	0.086	0.020

（2）不对称故障。风电机组输出有功功率为额定功率的 90% 以上，在电网发生两相不对称故障，风电机组变压器高压侧电压跌落至额定电压 20% 的工况下，风电机组模型验证结果如表 4-4 和图 4-28 所示。

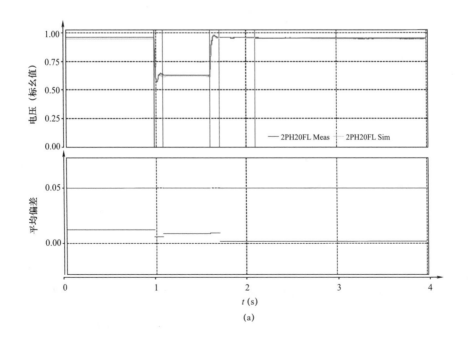

(a)

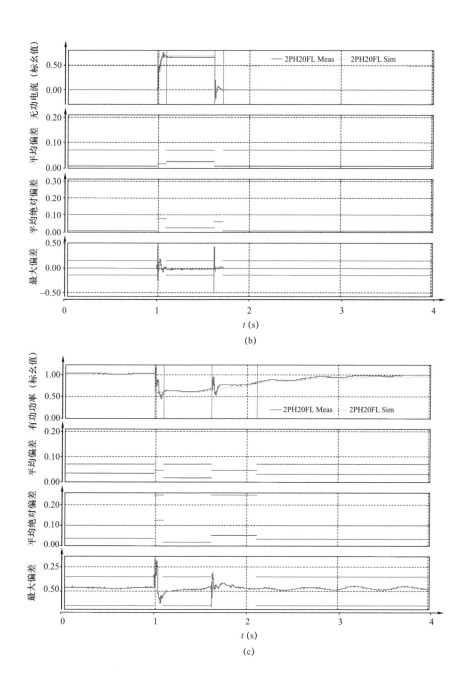

(b)

(c)

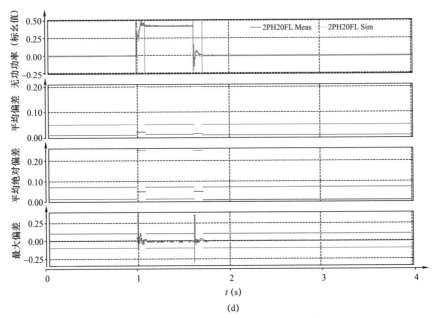

(d)

图 4－28　电压跌落至 $20\%U_n$，2 相跌落，$P>0.9P_n$，模型验证结果对比图

（a）仿真与测试电压对比图；（b）仿真与测试无功电流对比图；

（c）仿真与测试有功功率对比图；（d）仿真与测试无功功率对比图

从表 4－4 可以看出模型仿真与测试结果的一致性，模型的全过程平均绝对偏差最大为 3.7%。

表 4－4　电压跌落至 $20\%U_n$，2 相跌落，$P>0.9P_n$，模型验证结果

偏差区间	$F1_{IQ}/F2_{IQ}$	$F1_P/F2_P$	$F1_Q/F2_Q$	$F3_{IQ}/F4_{IQ}$	$F3_P/F4_P$	$F4_Q/F4_Q$	FG_{IQ}	FG_P	FG_Q	$F5_{IQ}$	$F5_P$	$F5_Q$
A	0.008	0.035	0.008	0.008	0.035	0.008				0.010	0.045	0.010
B1	0.016	0.047	0.019	0.078	0.125	0.048						
B2	0.026	0.015	0.010	0.026	0.018	0.010	0.024	0.037	0.014	0.049	0.057	0.017
C1	0.006	0.047	0.012	0.062	0.049	0.048						
C2	0.006	0.031	0.006	0.006	0.031	0.006				0.013	0.056	0.013

4.3.3.2 直驱风电机组模型验证

（1）对称故障。风电机组输出有功功率为额定功率的 90%以上，在电网发生三相短路故障，风电机组变压器高压侧电压跌落至额定电压 20%的工况下，风电机组模型验证结果如表 4－5 和图 4－29 所示。

从表 4－5 可以看出模型仿真与测试结果的一致性，模型的全过程平均绝对偏差最大为 5.1%。

表 4－5 电压跌落至 $20\%U_n$，3 相跌落，$P > 0.9P_n$，模型验证结果

偏差区间	$F1_{IQ}/$ $F2_{IQ}$	$F1_P/$ $F2_P$	$F1_Q/$ $F2_Q$	$F3_{IQ}/$ $F4_{IQ}$	$F3_P/$ $F4_P$	$F4_Q/$ $F4_Q$	FG_{IQ}	FG_P	FG_Q	$F5_{IQ}$	$F5_P$	$F5_Q$
A	0.006	0.003	0.006	0.006	0.004	0.006				0.011	0.014	0.011
B1	0.041	0.154	0.020	0.109	0.155	0.034						
B2	0.021	0.010	0.006	0.023	0.022	0.006	0.027	0.051	0.011	0.035	0.107	0.020
C1	0.024	0.132	0.048	0.056	0.135	0.085						
C2	0.001	0.068	0.001	0.011	0.068	0.011				0.094	0.107	0.094

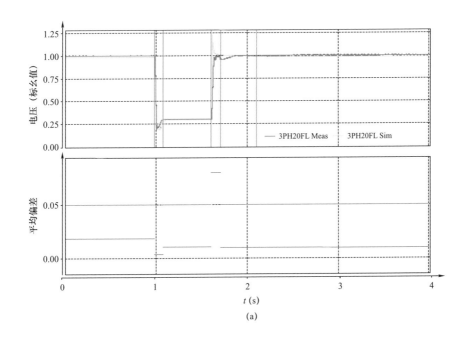

(a)

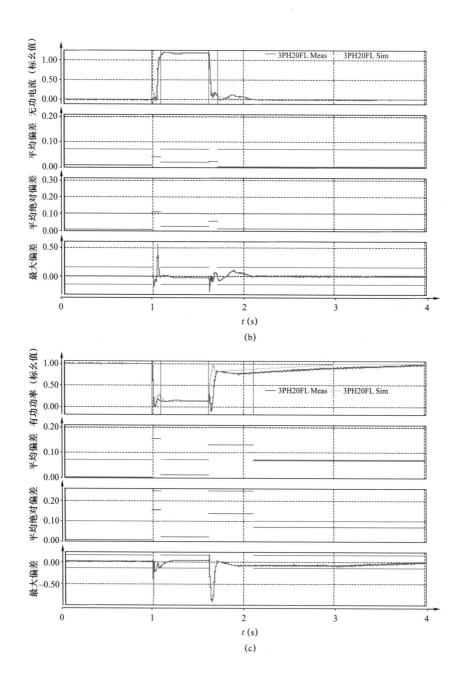

(b)

(c)

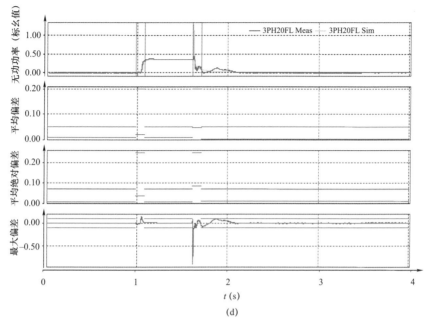

图 4-29 电压跌落至 20%U_n，3 相跌落，$P > 0.9P_n$，模型验证结果对比图
(a) 仿真与测试电压对比图；(b) 仿真与测试无功电流对比图；
(c) 仿真与测试有功功率对比图；(d) 仿真与测试无功功率对比图

（2）不对称故障。风电机组输出有功功率为额定功率的 90% 以上，在电网发生两相不对称故障，风电机组变压器高压侧电压跌落至额定电压 20% 的工况下，风电机组模型验证结果如表 4-6 和图 4-30 所示。

从表 4-6 可以看出模型仿真与测试结果的一致性，模型的全过程平均绝对偏差最大为 6%。

表 4-6 电压跌落至 20%U_n，2 相跌落，$P > 0.9P_n$，模型验证结果

偏差区间	F1$_{IQ}$/F2$_{IQ}$	F1$_P$/F2$_P$	F1$_Q$/F2$_Q$	F3$_{IQ}$/F4$_{IQ}$	F3$_P$/F4$_P$	F4$_Q$/F4$_Q$	FG$_{IQ}$	FG$_P$	FG$_Q$	F5$_{IQ}$	F5$_P$	F5$_Q$
A	0.009	0.002	0.009	0.009	0.004	0.009				0.014	0.018	0.014
B1	0.106	0.208	0.065	0.124	0.215	0.080						
B2	0.031	0.048	0.019	0.036	0.048	0.022	0.037	0.060	0.026	0.063	0.063	0.040
C1	0.014	0.001	0.011	0.031	0.031	0.027						
C2	0.011	0.052	0.013	0.020	0.052	0.021				0.068	0.106	0.074

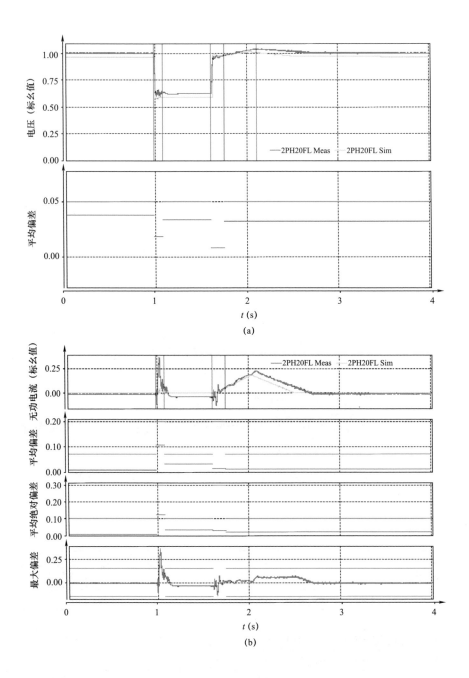

(a)

(b)

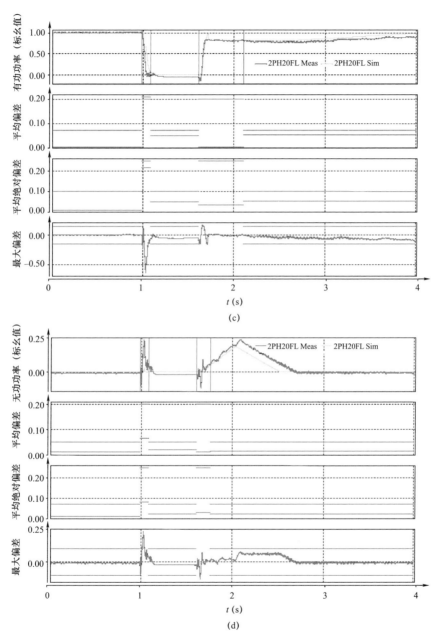

图 4-30　电压跌落至 20%U_n，2 相跌落，$P > 0.9P_n$，模型验证结果对比图
（a）仿真与测试电压对比图；（b）仿真与测试无功电流对比图；
（c）仿真与测试有功功率对比图；（d）仿真与测试无功功率对比图

4.4 新能源发电站低电压穿越仿真建模技术

在电网发生故障时，由于新能源电站内集电线路的影响，站内新能源发电单元所感受到的电压跌落幅度各不相同，同样新能源电站并网点的低电压穿越故障特性也不是每个发电单元的简单叠加。因此不能单纯地将一个新能源发电单元的容量线性扩大等效为整个发电站，需要考虑发电站内部所有集电线路参数，按照实际结构建立详细的新能源发电站模型。配有无功补偿装置的新能源发电站也应在模型中搭建无功补偿装置的仿真模型，因为在故障期间和恢复过程中，无功补偿装置的暂态特性对新能源电站并网点电压及站内各新能源发电单元的机端电压产生影响。新能源发电站模型仿真步长宜为 $1\sim10\text{ms}$，仿真中的外部电网模型可采用等效模型，模型参数至少包括短路容量和电网等效阻抗。本节主要介绍风电场建模技术，光伏电站建模技术不做深入探讨。

4.4.1 风电场模型

风电场模型的准确性是后续仿真计算与评价的基础，因此风电场模型应详细反映风电场的电气结构，包括风电机组、风电机组单元变压器、电力线路、无功补偿装置、风电场主升压变压器、风电场继电保护等。风电场模型电气结构示意图如图 4-31 所示。

图 4-31 中 l_1、l_2、$\cdots$、l_k 为不同馈线上首台风电机组到风电场主升压变压器低压侧母线的集电线路长度；l_{k-1}、l_{k-2}、$\cdots$、l_{k-p} 为第 k 条馈线上相邻风电机组间的集电线路长度。

4.4.1.1 风电机组模型

用于风电场建模的风电机组模型为通过模型验证的模型，模型的基本结构和验证方法参见 4.2 节及 4.3 节。

4.4.1.2 变压器模型

风电场内的变压器包括风电场主升压变压器和风电机组单元变压器，可采用仿真软件中的标准模型。以双绕组变压器为例，一般可选择 T 形等效电路或 Γ 形等效电路，如图 4-32 所示。

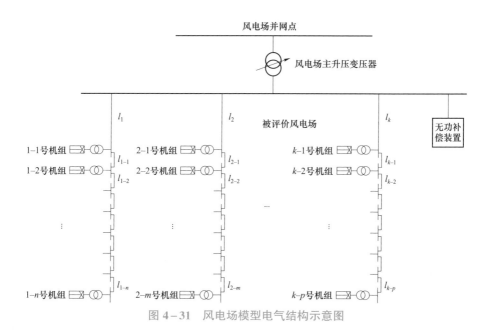

图 4－31　风电场模型电气结构示意图

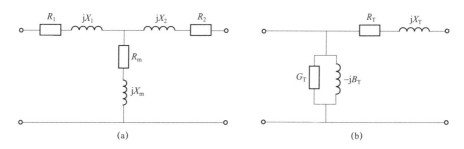

(a)　　　　　　　　　　　　　　　(b)

图 4－32　双绕组变压器等效电路

（a）T 形；（b）Γ 形

图 4－32 中，R_1、X_1 为变压器一次侧电阻和电抗；R_2、X_2 为变压器二次侧等效电阻和电抗；R_m、X_m 为变压器励磁电阻和电抗；R_T、X_T 为变压器等效电阻和电抗；G_T、B_T 为变压器等效电导和电纳。

4.4.1.3　电力线路

随着机组容量的增加，为减少低压线路中的损耗，风电场普遍采用一台风电机组配备一台变压器的连接方式，多台风电机组通过链式结构接入中压集电母线，然后经风电场主变压器并入电网。风电场内部集电线路有架空线、电缆和线缆混合 3 种方式。

三相对称的电力线路可用单相线路来等效。线路始端（设标号为 1）和末端（设标号为 2）之间电压、电流的关系可用两端口（或称四端）网络方程式（4−10）来描述。

$$\begin{bmatrix} \dot{U}_1 \\ \dot{I}_1 \end{bmatrix} = \begin{bmatrix} A & B \\ C & D \end{bmatrix} \begin{bmatrix} \dot{U}_2 \\ \dot{I}_2 \end{bmatrix} \quad\quad (4-10)$$

电力线路按长度不同可划分为短线路、中等长度线路和长线路三种。长度不超过 100km 的高压架空线路可视为短线路；长度 100km～300km 的高压架空线路和不超过 100km 的电缆线路为中等长度线路；长度超过 300km 的高压架空线路和超过 100km 的电缆线路为长线路。

短线路的线路导纳一般可略去不计，其等效电路中串联的线路总阻抗 $Z=R+jX$，如图 4−33（a）所示。相应于式（4−10）的四端网络通用常数为式（4−11），即

$$\begin{cases} A=1; B=Z \\ C=0; D=1 \end{cases} \quad\quad (4-11)$$

中等长度线路的等效电路有Ⅱ形和 T 形两种线性等效形式，如图 4−33（b）、图 4−33（c）所示，其中常用的是Ⅱ形等效电路。在Ⅱ形等效电路中，除串联的线路总阻抗 $Z=R+jX$ 外，还将线路的总导纳 $Y=jB$ 分为两半，分别并联在线路的始端和末端。在 T 形等效电路中，线路的总导纳集中在中间，而线路的总阻抗则分为两半，分别串联在它的两侧。

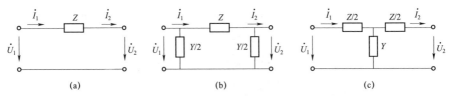

图 4−33　电力线路等效电路

（a）短线路的等效电路；（b）中、长度线路的Ⅱ形等效电路；（c）中、长度线路的 T 形等效电路

Π 形等效电路的四端网络通用常数为

$$\begin{cases} A = \dfrac{ZY}{2} + 1 \,;\, B = Z \\[4mm] C = Y\left(\dfrac{ZY}{4} + 1\right) ;\, D = \dfrac{ZY}{2} + 1 \end{cases}$$ （4-12）

T 形等效电路的四端网络通用常数为

$$\begin{cases} A = \dfrac{ZY}{2} + 1 \,;\, B = Z\left(\dfrac{ZY}{4} + 1\right) \\[4mm] C = Y \,;\, D = \dfrac{ZY}{2} + 1 \end{cases}$$ （4-13）

长线路的等效电路仍可用图 4-33 所示的 Π 形和 T 形等效电路来表示，但须计入分布参数特性，即分别以 Z′、Y′ 代替集中参数阻抗 Z、导纳 Y。

对 Π 形等效电路

$$\begin{cases} Z' = Z_c \sinh \gamma L \\[3mm] Y' = \dfrac{1}{Z_c} \times \dfrac{2(\cosh \gamma L - 1)}{\sinh \gamma L} \end{cases}$$ （4-14）

对 T 形等效电路

$$\begin{cases} Z' = Z_c \dfrac{2(\cosh \gamma L - 1)}{\sinh \gamma L} \\[4mm] Y' = \dfrac{1}{Z_c} \times \sinh \gamma L \end{cases}$$ （4-15）

长线路的四端网络通用常数为

$$\begin{cases} A = \cosh \gamma L \,;\, B = Z_c \sinh \gamma L \\[3mm] C = \dfrac{\sinh \gamma L}{Z_c} \,;\, D = \cosh \gamma L \end{cases}$$ （4-16）

式（4-14）～式（4-16）中，$Z_c = \sqrt{Z_1 / Y_1}$，$\gamma = \sqrt{Z_1 / Y_1}$，分别为线路的特性阻抗和传播常数；$Z_1$、$Y_1$ 分别为单位长度线路的阻抗和导纳；L 为线路长度。

4.4.1.4　无功补偿装置

虽然无功补偿装置种类繁多，但是目前应用于新能源电站的无功补偿装置主要是两大类，一类是无源式的静止无功补偿装置（static var compensator，SVC），另一类是有源式的静止无功发生器（static var generator，SVG）。其中，SVC 相当于阻抗可调的无源负载，主要包括晶闸管控制电抗器（thyristor controlled reactor，TCR）、晶闸管投切电容器（thyristor switched capacitor，TSC）、磁控电抗器（magnetically controlled reactor，MCR）等，如图 4－34 所示。

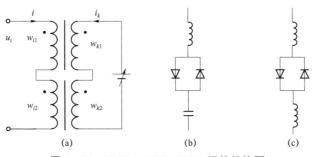

图 4－34　MCR、TSC、TCR 拓扑结构图

（a）MCR；（b）TSC；（c）TCR

晶闸管控制电抗器（thyristor controlled reactor，TCR），将两个反并联晶闸管串联一个电抗器并联入电网中，通过调整晶闸管触发角来改变补偿器吸收的无功功率。晶闸管投切电容器（thyristor switched capacitor，TSC），通过两个反并联晶闸管经电容器接入或脱离电网，晶闸管代替了常规机械开关解决了电容器频繁投切的问题，串联小电感是为抑制投入电网时产生的冲击电流，根据无功电流大小决定投入电容器组数，但其只能是对无功电流的有级调节。磁控电抗器（magnetically controlled reactor，MCR）是利用直流助磁的原理，即利用附加直流励磁，磁化电抗器铁芯，通过调节磁控电抗器铁芯的磁饱和程度，改变铁芯的磁导率，实现电抗值的连续可调。MCR、TCR 一般和 TSC 及固定电容器等配合使用。SVC 的优点是价格较为便宜、可靠性高，缺点是暂态响应速度较慢，而稳态的无功输出能力受电网电压影响较大。

SVG 采用自换相变流电路，不但克服了前述的无功补偿装置响应速度慢、运行损耗和噪声大、维护困难等缺点，而且可以实现从感性到容性无功功率的宽范围连续补偿，另外还可以抑制负载不平衡所产生的负序无功电流，以及抑制电流突变、降低谐波等功能。根据控制目标的不同，SVG主要有以下控制模式。

（1）恒无功功率控制。控制目标为控制 SVG 的输出为某一恒定的无功功率，此种工作模式一般在设备调试或测试时使用。

（2）恒功率因数控制。恒功率因数控制一般用于接入点电网较强的风电场，控制目标为控制风电场并网点的功率因数为某一特定值，可通过选择功率测量模块的测量点来选择所要控制的节点。风电场一般为控制主变压器高压侧并网点功率因数。

（3）恒电压控制。恒电压控制一般用于接入点电网较弱的风电场，控制目标为控制母线电压在某一正常范围内，一般为控制主变压器高压侧母线的电压。由于控制电压为一个范围，因此电压参考值即为该范围的上限值和下限值。当电网电压低于下限时，电压参考值为下限值，而当电网电压高于上限值时，电压参考值为上限值。

（4）恒功率因数—恒电压综合控制。当受控点电压在电压参考值带宽范围内时，采用恒功率因数控制，而当受控点电压超出电压参考值带宽范围后，采用恒电压控制。

4.4.1.5　继电保护

根据风电场内主升压变压器、风电机组单元变压器、场内集电线路、风电场送出线等配备的继电保护方式建立相应继电保护系统的仿真模型，模型应包含保护整定值，反映继电保护响应特性。

4.4.2　风电场外部模型

在风能资源发达地区存在多个风电场集中接入的情况，当对单个风电场进行低电压穿越性能仿真验证时，其邻近电站的低电压穿越特性会对电网电压产生影响，进而影响被评价风电场故障过程的响应特性。因此，在进行低电压穿越仿真时需要考虑相邻风电场的影响。对于外部相邻的风电场可以采用等效建模的方式，将相邻风电场进行聚合，等效模型应能反映风电场并网点的故障响应特性。

对被评价风电场的外部模型结构以风电场接入公共连接点下是否有其他风电场接入为判断依据，按以下四种情况进行分析说明。外部模型建模遵循的基本原则是：考虑公共连接点下接入的其他风电场对被评价风电场的影响，建立其他风电场等效模型。

（1）被评价风电场到所接入公共连接点间无其他风电场接入。被评价风电场根据电气结构和参数详细建模，风电场并网点以外的电网模型采用等效模型，被评价风电场外的模型结构如图4-35所示。

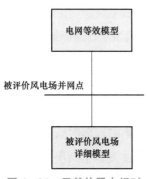

图 4-35　无其他风电场时被评价风电场的外部模型

（2）被评价风电场所接入公共连接点处有其他风电场接入。被评价风电场根据电气结构和参数详细建模，接入公共连接点的其他风电场采用能够反映其低电压运行特性的等效模型，公共连接点以外的电网采用等效模型。被评价风电场外的模型结构如图4-36所示，其中，l_{w1}为被评价风电场并网点至电网等效模型电压母线的输电线路长度，l_{w2}为其他风电场并网点至电网等效模型电压母线的输电线路长度。

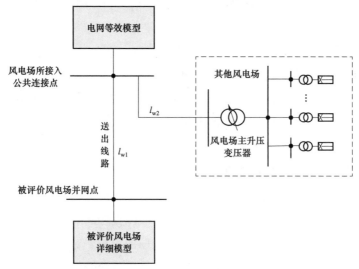

图 4-36　被评价风电场所接入公共连接点有其他风电场接入的外部模型结构

（3）被评价风电场送出线路 T 接有其他风电场。被评价风电场根据电气结构和参数详细建模，风电场送出线上的其他风电场采用能够反映其低电压运行特性的等效模型，所接入公共连接点以外的电网模型采用等效模型。被评价风电场外的模型结构如图 4-37 所示。

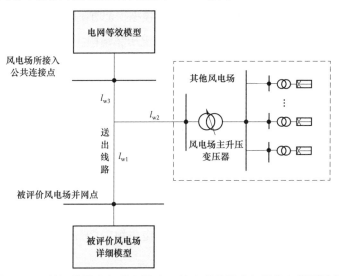

图 4-37　被评价风电场送出线路 T 接有其他风电场的外部模型结构

（4）被评价风电场与其他风电场共用升压站。被评价风电场根据电气结构和参数详细建模，升压站内其他风电场采用能够反映其低电压运行特性的等效模型，风电场并网点以外的电网采用等效模型。被评价风电场外的模型结构如图 4-38 所示。

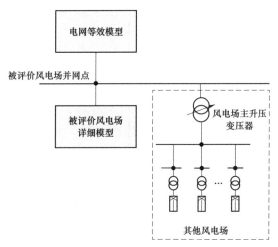

图 4-38　被评价风电场与其他风电场共用升压站的外部模型结构

4.4.3 外部风电场等效模型

对于需要模型等效的外部风电场，其等效模型应包括等效后的风电机组及其变压器模型、风电场主升压变压器模型、无功补偿装置模型。风电场等效模型应反映等效前该风电场并网点的低电压穿越特性。

对于被评价风电场的低电压穿越研究，重点关注的是外部风电场整体对被评价风电场的影响，而不是外部风电场场内风电机组对被评价风电场的影响，外部风电场等效模型应尽可能用较少数量的风电机组反映风电场的实际特性，但同时要考虑到风电场电气设备参数、集电线路对风电场模型的影响。因此，在进行风电场低电压穿越模型等效时，需充分考虑风电场内风电机组的电气分布、风电机组类型以及风电机组在故障过程中的响应特性，对处于相同或接近运行点的风电机组进行合并处理。本节以外部风电场采用 3 型——双馈变速风电机组为例，介绍外部风电场模型等效方法。

当外部风电场采用双馈风电机组时，风电场的等值电路图如图 4-39 所示。

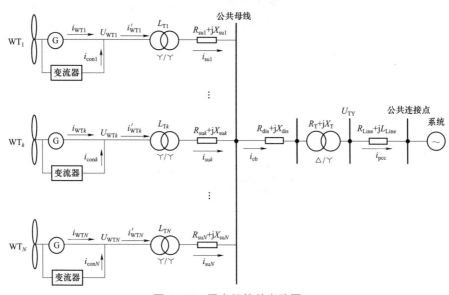

图 4-39 风电场等效电路图

4.4.3.1 风电机组等效

对于双馈风电机组构成的风电场，等效前后风电场的额定容量不变，即风电场等效额定容量等于每台风电机组的额定容量之和。假设风电场所有风电机组接于同一母线上，风电场并网运行时忽略双馈发电机内部的功率损耗，则等效发电机所有阻抗参数可以通过容量加权平均法求得。等效发电机的转子转动惯量和惯性时间常数也可以通过容量加权平均法求得。

4.4.3.2 集电线路等效

在风电场内，风电机组之间及风电机组与变电站之间的连接馈线有两种类型，即场地布置相对集中时用直埋电缆，场地布置相对分散时用架空线路。就国内风电场来看，多采用两者结合的方式。风电机组升压主要有两种方式，即采用"多机一变"升压和采用"一机一变"升压，如图 4-40 所示。

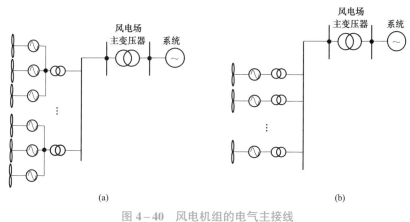

图 4-40 风电机组的电气主接线

（a）多机一变压器；（b）一机一变压器

无论哪种接线方式，风电场最终都可等效成如图 4-41 所示的结构，因此对于实际风电场，要根据风电场内电气接线方式从最底层的风电机组开始分层分级简化。

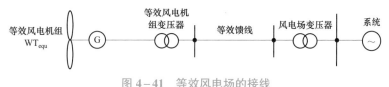

图 4-41 等效风电场的接线

从电力系统的角度看，风电场接入系统所关心的是风电场并网点的运行状况；风电场的潮流是由风电场流向外电网的单向潮流。在风电场接入系统分析中把风电场作为 PQ 点，因此可采用等效损耗（有功损耗和无功损耗）模型对风电场内集电线路进行简化。

若风电机组的连接如图 4－42（a）所示，图中 S_1，S_2，$\cdots$，S_n 分别为 n 台风电机组的容量；$\dot{U}_1$，$\dot{U}_2$，$\cdots$，$\dot{U}_n$ 为每台风电机组的端电压；相邻两台风电机组间的集电线路阻抗分别为 Z_1，Z_2，$\cdots$，Z_n。对集电线路等效时，可把风电机组和风电机组变压器作为一个整体简化成一个电流源。假设每台风电机组出力相等，则它们向集电线路注入的电流相量相等，$\dot{I}_1 = \dot{I}_2 = \cdots = \dot{I}_n = \dot{I}$，风电机组群中每段集电线路上的损耗分别为

$$
\begin{aligned}
S_{\text{Loss}\_Z_1} &= I_1^2 Z_1 = I^2 Z \\
S_{\text{Loss}\_Z_2} &= (I_1 + I_2)^2 \times Z_2 = 2^2 I_2^2 Z_2 = 2^2 I^2 Z_2 \\
&\vdots \\
S_{\text{Loss}\_Z_n} &= (I_1 + I_2 + \cdots + I_n)^2 \times Z_n = n^2 I_n^2 Z_n = n^2 I^2 Z_n
\end{aligned}
\tag{4－17}
$$

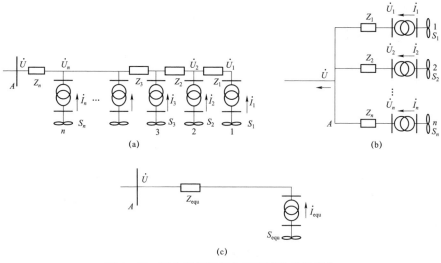

图 4－42　风电机组间集电线路等效线损简化

（a）风电机组连接方式 1；（b）风电机组连接方式 2；（c）集成线路等效图

图 4－42（a）中集电线路总损耗为

$$S_{\text{Tol\_Loss}} = S_{\text{Loss\_}Z_1} + S_{\text{Loss\_}Z_2} + \cdots + S_{\text{Loss\_}Z_n}$$

$$= I^2(Z_1 + 2^2 Z_2 + 3^2 Z_3 + \cdots + n^2 Z_n) \qquad (4-18)$$

$$= I^2 \sum_{i=1}^{n} i^2 Z_i$$

按照前面的等效方法，若把图 4-42（a）中连接于同一集电线路上的所有风电机组等效成图 4-42（c）所示的等效风电机组和一段等效线路的串联，等效风电机组的容量为 $S_{\text{equ}} = S_1 + S_2 + \cdots + S_n$，等效风电机组变压器的容量等于所有被等效变压器额定容量之和，等效风电机组向集电线路注入的电流为 $\dot{I}_{\text{equ}} = \dot{I}_1 + \dot{I}_2 + \cdots + \dot{I}_n = n\dot{I}$，风电机组间等效集电线路的阻抗为 Z_{equ}，则在这段线路上的损耗为

$$S_{\text{Tol\_Loss}} = I_{\text{equ}}^2 Z_{\text{equ}} = n^2 I^2 Z_{\text{equ}} \qquad (4-19)$$

根据等效线损模型可得简化集电线路的阻抗为

$$Z_{\text{equ}} = \frac{\sum_{i=1}^{n} i^2 Z_i}{n^2} \qquad (4-20)$$

同样地，对于图 4-42（b）所示的连接同样可以得出等效集电线路的阻抗为

$$Z_{\text{equ}} = \frac{\sum_{i=1}^{n} Z_i}{n^2} \qquad (4-21)$$

集电线路的等效电路如图 4-43 所示，其中，B 为集电线路的对地电容。对地电容所产生的无功功率与施加于电容上的电压平方成正比，假设正常情况下连接集电线路的母线电压维持额定值，因此简化集电线路的对地电容 B_{tot} 等于所有集电线路对地电容 B_i 之和，即

$$B_{\text{tot}} = \sum_{i=1}^{n} B_i \qquad (4-22)$$

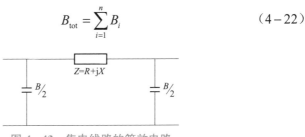

图 4-43 集电线路的等效电路

4.4.3.3 箱式变压器等效

箱式变压器进行等效时，需要用一台箱式变压器等效反映所有箱式变压器的集中特性。等效箱式变压器上的电压降应该与所有箱式变压器的集中电压降相同，等效箱式变压器的无功和有功损耗应是所有箱式变压器的损耗之和。因此，等效箱式变压器的阻抗值是单台风电机组箱式变压器阻抗值除以风电机组台数，即

$$Z_{eq} = \frac{Z}{n} \qquad\qquad (4-23)$$

风电场箱式变压器的等效处理如图 4-44 所示。

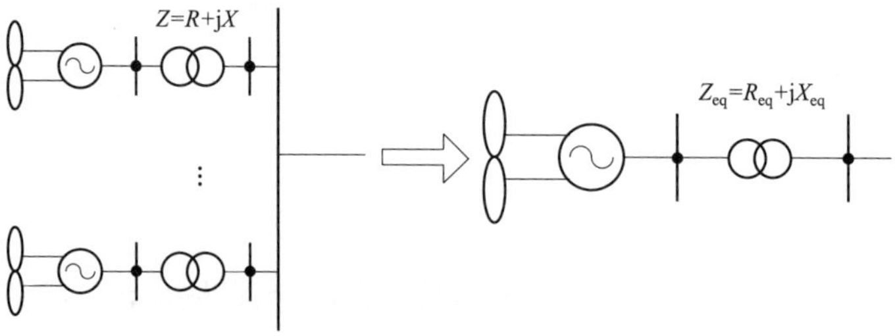

图 4-44 风电场箱式变压器的等效处理

4.4.4 外部电网等效模型

在新能源电站的低电压穿越仿真中，外部电网对新能源电站而言是一个由同步机构成的线性网络，根据戴维南定理，可以将新能源电站所接入的外部电网等效为电动势与阻抗串联的形式。电网等效模型主要考虑电网电压和电网短路容量，等效模型结构如图 4-45 所示。

等效阻抗 Z_{eq} 的大小反映了新能源电站所接入的外部电网的强弱。对于电磁暂态时间尺度的外部电网等效而言，由于外部电网中的同步机的转子位置尚未发生明显变化，因此为简化起见，可认为外部电网中各同步机的等效电动势 E_{SG} 的大小为 1，其相位恒定不变可取为 0°，如图 4-46 所示。

此时在对外部电网进行等效时，由于各同步发电机电动势和电力网络的参数已知，由新能源电站所接入节点看入的外部电网在故障后的等效电

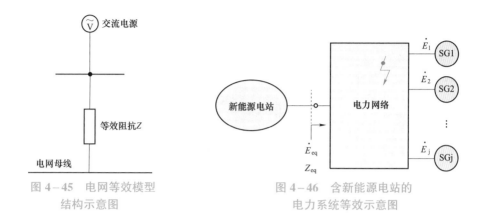

图4-45 电网等效模型　　　　图4-46 含新能源电站的
结构示意图　　　　　　　　电力系统等效示意图

势即为外部故障电网的开路电压,通过对外部电网进行故障分析或利用仿真软件可以很方便地获得此等效电动势 $\dot{E}_{eq}$ 的大小和相位。而对于外部电网等效阻抗 Z_{eq} 的获取,在已知外部电网结构和参数的情况下,根据故障发生后形成的外部电网的节点导纳矩阵,对其求逆得到节点阻抗矩阵,则可以得到新能源电站所接入节点的外部电网等效阻抗 Z_{eq},由此则得到了电磁时间尺度下外部电网用电动势与阻抗串联的形式简化等效的结果,可用于电磁时间尺度即故障刚发生不久的新能源电站故障穿越特性的研究。

在外部电网故障持续和故障恢复的过程中,外部电网的动态为机电时间尺度的动态,外部电网中的同步发电机的转子处于摇摆状态,此时的外部电网等效属于机电时间尺度的动态等效,其仍可以用电动势与阻抗串联的形式进行等效。但是,由于外部电网中同步电机转子摇摆,此时外部电网中各同步机的电势的大小虽仍可认为不变,用次暂态电势去描述,但是电网中各同步机的相位是时刻变化的,精确地描述各同步发电机相位的动态变化过程是复杂的。为了简化起见,考虑到同步发电机电动势相位的动态变化过程较慢,在一定程度上可以仍然认为其恒定不变。由此发电机电时间尺度的等效方法与电磁时间尺度类似,计算方法基本相同。

4.4.5　光伏电站模型

光伏电站由多个光伏发电单元、集电线路、站内升压变压器、站内无功补偿装置及厂站级控制系统组成,如图4-47所示。光伏电站低电压穿越能力同风电场低电压穿越能力一样采用仿真的手段进行评价。光伏电站仿真模型包括光伏电站内所有电气设备,如光伏发电单元(含光伏组件、

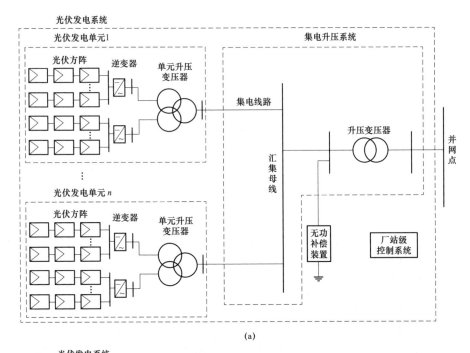

(a)

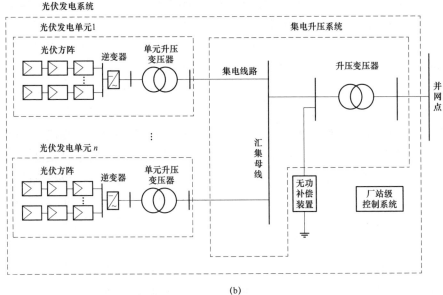

(b)

图 4-47　光伏电站典型结构

（a）光伏电站典型结构一；（b）光伏电站典型结构二

逆变器、单元升压变压器等)、站内集电线路、无功补偿设备、站内主升
压变压器、站内继电保护等，各种电气设备模型应为设备实际参数或等
效值，光伏发电单元模型应为通过低电压穿越性能仿真验证的模型，外
部电网可采用等效模型。对于多个由同一型号、相同容量的光伏方阵和
逆变器构成的光伏发电单元，可用倍乘方式等效为单一单元。模型参数
应采用标幺值，基准容量选取光伏电站内全部逆变器额定功率之和。光
伏电站模型结构，如图 4-48 所示。光伏电站建模可查阅相关标准，本书
不再做深入探讨。

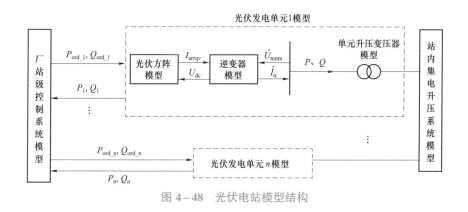

图 4-48 光伏电站模型结构

4.5 新能源发电站低电压穿越仿真评价技术

新能源发电站低电压穿越仿真的目的是评价其低电压穿越能力是否满
足并网技术标准的要求。

低电压穿越能力仿真方法为，新能源发电站全部新能源发电单元在额
定功率和 20%额定功率的运行工况下，仿真分析新能源发电站在并网点电
压不同故障跌落深度下的低电压运行特性，给出故障期间及故障清除后新
能源发电站及新能源发电单元的电压、有功功率和无功功率特性。

新能源发电站低电压穿越能力仿真，设置的电网故障类型包括新能源
发电站并网点发生三相短路故障、两相接地短路故障、两相相间短路故障

和单相接地短路故障。以三相短路故障、两相接地短路故障和两相相间短路故障的线电压和单相短路故障的相电压跌落幅值设置电压跌落规格，风电场设置跌落后的残压幅值见表4－7，光伏发电站设置跌落后的残压幅值见表4－8。

表4－7　　　　　　　　　　风电场并网点电压跌落规格

规　　格	残压幅值（标幺值）	故障持续时间（ms）
1	0.85～0.90	2000
2	0.75±0.05	1705
3	0.50±0.05	1214
4	0.35±0.05	920
5	0.20±0.05	625

表4－8　　　　　　　　　　光伏发电站并网点电压跌落规格

规　　格	残压幅值（标幺值）	故障持续时间（ms）
1	0.80±0.05	1804
2	0.60±0.05	1410
3	0.40±0.05	1017
4	0.20±0.05	625
5	0～0.05	150

4.5.1　仿真步骤

以下为新能源发电站低电压穿越能力仿真步骤。

（1）设置风电场/光伏发电站仿真运行功率、并网点短路故障，进行仿真计算。

（2）记录故障前至少0.5s到故障清除后有功功率、无功功率稳定至少0.5s的仿真结果，其中有功功率、无功功率和无功电流仿真结果应记录基波正序分量。

（3）记录故障期间和故障消失后风电机组/光伏发电单元端电压、有功功率和无功功率波形。依据风电机组/光伏发电单元的保护设置，对照故障期间和故障清除后的电压值及相应的持续时间，判断新能源发电单元是否会因过/欠压保护动作而脱网。

（4）记录每个工况下风电场/光伏发电站并网点电压、有功功率波形。核查故障消失后风电场/光伏发电站有功功率的恢复情况，给出每种工况下风电场/光伏发电站有功功率曲线。

（5）记录每个工况下风电场/光伏发电站并网点无功功率和无功电流波形，计算动态无功电流注入的响应时间、持续时间和注入值，核查故障期间风电场/光伏发电站的动态无功支撑能力。

（6）根据每个工况下风电机组/光伏发电单元端电压、有功功率和无功功率波形，分析新能源发电站内风电机组/光伏发电单元在故障期间的动态响应特性。

4.5.2 仿真结果评价

根据低电压穿越仿真结果，评价新能源发电站的低电压穿越能力。

（1）风电场低电压穿越仿真结果若满足以下情况，则可判定风电场的低电压穿越能力满足《风电场接入电力系统技术规定》（GB/T 19963—2011）的要求。

1）故障期间，场内风电机组维持并网运行。

2）自故障清除时刻开始，风电场有功功率恢复平均速率不小于10%额定功率/s，有功功率的恢复平均速率按式（4-24）计算；同时功率恢复期间的有功功率值不低于图4-49中10%额定功率/s恢复曲线对应的有功功率。

3）风电场注入电力系统的动态无功电流值按式（4-25）计算，应满足《风电场接入电力系统技术规定》（GB/T 19963—2011）中对动态无功电流注入的要求。自并网点电压跌落出现的时刻起，动态无功电流控制的响应时间不大于75ms，持续时间不少于550ms，响应时间和持续时间分别按式（4-26）和式（4-27）计算。图4-50所示为电压跌落期间风电机组无功电流注入的判定方法示意图。

新能源发电并网评价及认证

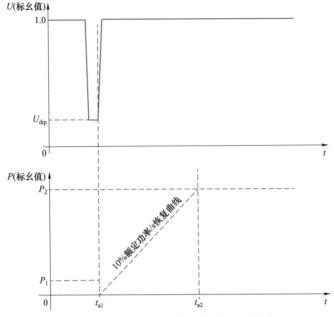

图 4-49 有功功率恢复判定方法示意图

P_1—故障消失时刻风电场有功功率；P_2—有功功率恢复至故障前的 90%；t_{a1}—故障消失时刻；
t_{a2}—有功功率恢复至持续大于 P_2 的起始时刻；U_{dip}—并网点跌落电压幅值与额定电压的比值

有功功率恢复速率

$$k_p = \frac{P_2 - P_1}{t_{a2} - t_{a1}} \quad (4-24)$$

无功电流注入值

$$I_q = \frac{\int_{t_{r1}}^{t_{r2}} I_q(t)dt}{t_{r2} - t_{r1}} \quad (4-25)$$

无功电流输出响应时间

$$t_{res} = t_{r1} - t_0 \quad (4-26)$$

无功电流注入持续时间

$$t_{last} = t_{r2} - t_{r1} \quad (4-27)$$

（2）光伏发电站低电压穿越仿真结果若满足以下情况，则可判定光伏发电站的低电压穿越能力满足《光伏发电站接入电力系统技术规定》（GB/T 19964—2012）的要求：

142

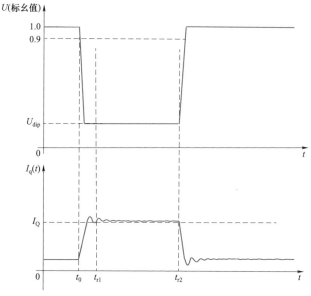

图 4-50 无功电流注入判定方法示意图

I_Q—标准要求的无功电流注入值的 90%；$I_q(t)$—风电场并网点无功电流曲线；t_0—电压跌落开始时刻；
t_{r1}—电压跌落期间风电场无功电流注入持续大于 I_Q 的起始时刻；t_{r2}—电压跌落期间风电机组无功
电流注入持续大于 I_Q 的结束时刻；U_{dip}—并网点跌落电压幅值与额定电压的比值

1）站内光伏发电单元故障期间维持并网运行。

2）自故障清除时刻开始，光伏发电站有功功率恢复速率不小于 30% 额定功率/s，有功功率的恢复平均速率按式（4-28）计算，同时功率恢复期间有功功率值不低于图 4-51 所示 30% 额定功率/s 恢复曲线对应的有功功率。

3）光伏发电站注入电力系统的动态无功电流值和响应时间应满足《光伏发电站接入电力系统技术规定》（GB/T 19964—2012）中对动态无功电流的注入要求。动态无功电流值按式（4-29）计算，响应时间按式（4-30）计算。图 4-52 为电压跌落期间光伏发电站无功电流注入的判定方法示意图。

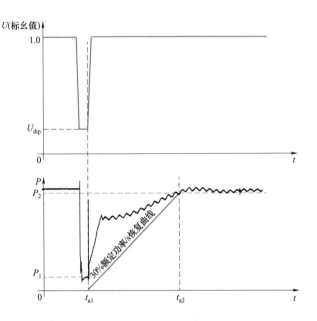

图 4-51 有功功率恢复判定方法示意图

P_1—故障消失时刻光伏发电站有功功率；P_2—故障前光伏发电站有功功率的 90%；t_{a1}—故障消失时刻；
t_{a2}—有功功率恢复至持续大于 P_2 的起始时刻；U_{dip}—并网点跌落电压幅值与额定电压的比值

有功功率恢复速率

$$k_{P} = \frac{P_2 - P_1}{t_{a2} - t_{a1}} \tag{4-28}$$

无功电流注入值

$$I_{q} = \frac{\int_{t_{r1}}^{t_{r2}} I_{q}(t)\mathrm{d}t}{t_{r2} - t_{r1}} \tag{4-29}$$

无功电流输出响应时间

$$t_{Iq,\mathrm{res}} = t_{r1} - t_0 \tag{4-30}$$

无功电流注入持续时间

$$t_{\mathrm{last}} = t_{r2} - t_{r1} \tag{4-31}$$

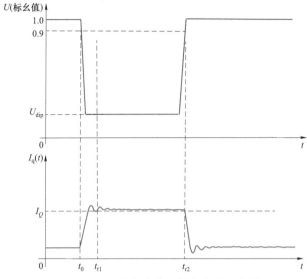

图 4－52　无功电流注入判定方法示意图

I_Q—标准要求的无功电流注入值的 90%；$I_q(t)$—光伏发电站并网点无功电流曲线；t_0—电压跌落开始时刻；t_{r1}—电压跌落期间光伏发电站无功电流注入持续大于 I_Q 的起始时刻；t_{r2}—电压跌落期间光伏发电站无功电流注入持续大于 I_Q 的结束时刻；U_{dip}—并网点跌落电压幅值与额定电压的比值

4.5.3　典型风电场低电压穿越能力评价实例

风电场仿真模型以风电机组、无功补偿设备、线路及变压器、外部电网模型为基础。在电力系统仿真分析软件 DIgSILENT/PowerFactory 建立某风电场的仿真模型。

本实例采用经过验证的风电机组模型对该风电场的低电压穿越能力进行仿真评价。风电机组模型的基本结构如图 4－53 所示。

图 4－54 和图 4－55 所示为风电机组大功率（$P \geqslant 0.9 P_n$）运行工况下，系统发生三相短路故障使风电机组机端母线电压分别跌落至 20%U_n 和 50%U_n 时，风电机组的

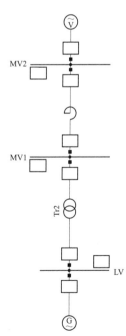

图 4－53　风电机组模型基本结构

机端母线电压、有功功率、无功功率、有功电流和无功电流的仿真结果与实测数据的对比曲线。

由对比结果可以看出，风电机组在相同电压跌落下，有功、无功功率和有功、无功电流的仿真和实测值的变化趋势、故障后的恢复情况、初始和稳态值等特征基本相同，说明所建立的风电机组模型能够准确的模拟风电机组低电压穿越运行特性，可以用于对该风电场的低电压穿越能力进行评估。

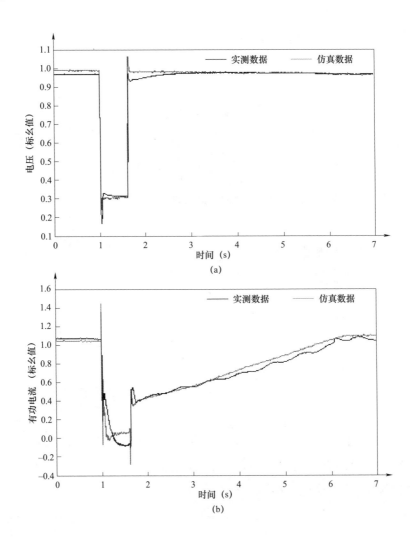

(a)

(b)

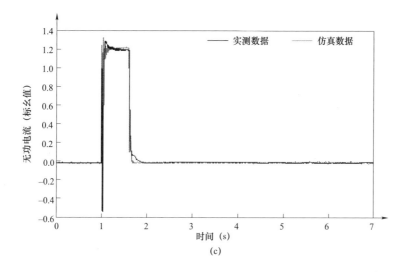

(c)

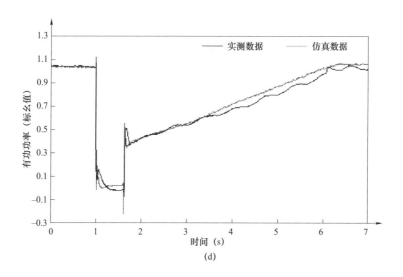

(d)

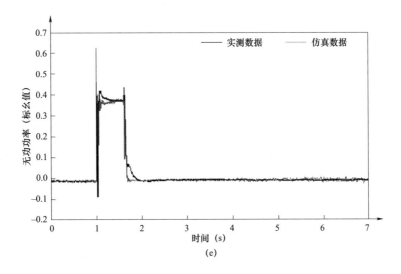

(e)

图4-54 3相跌落，$20\%U_n$，$P \geqslant 0.9P_n$，电压、有功电流、无功电流、有功和无功功率

（a）电压；（b）有功电流；（c）无功电流；（d）有功功率；（e）无功功率

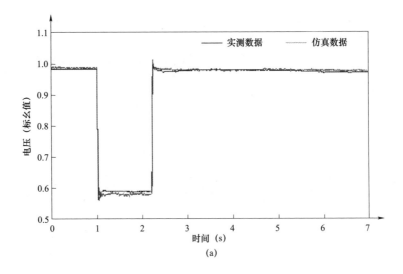

(a)

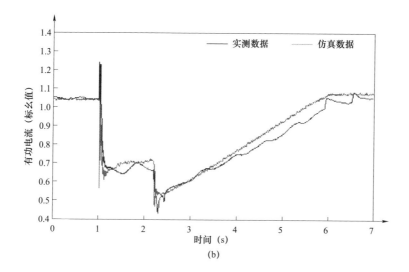

(b)

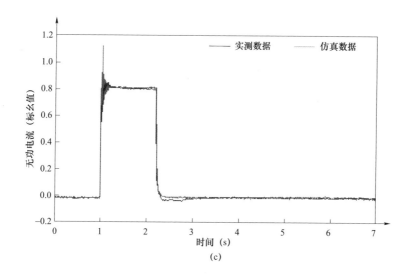

(c)

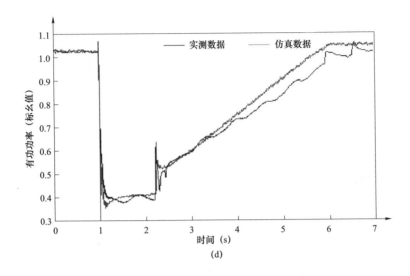

(d)

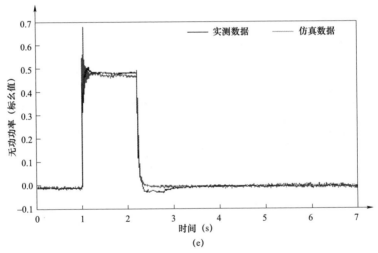

(e)

图 4－55　3 相跌落，$50\% U_n$，$P \geqslant 0.9P_n$，电压、有功电流、
无功电流、有功和无功功率

（a）电压；（b）有功电流；（c）无功电流；（d）有功功率；（e）无功功率

根据该风电场无功补偿设备类型及动态性能参数，建立风电场 SVG
仿真模型，其拓扑结构如图 4－56 所示。

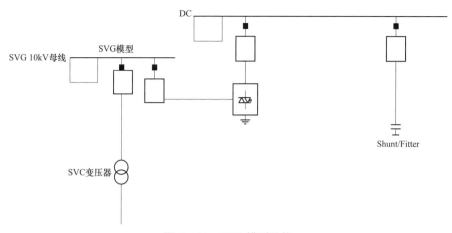

图 4-56 SVG 模型结构

SVG 模型控制系统结构如图 4-57 所示。其中，Vpcc meas 为受控母线电压测量元件，可根据实际情况设置电压测量点；Qpcc meas 为受控点

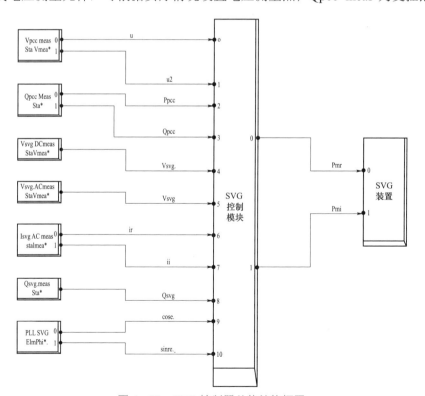

图 4-57 SVG 控制器总体结构框图

功率测量元件,可根据实际情况设置功率测量点;Vsvg DC meas 为 SVG 直流侧电容电压测量元件;Vsvg AC meas 为 SVG 端口电压测量元件;Isvg AC meas 为 SVG 输出电流测量元件;Qsvg meas 为 SVG 输出功率测量元件;PLL SVG 为锁相环。

输电线路和变压器采用 DIgSILENT/PowreFactory 仿真软件的自带模型,依据实际参数对其仿真模型参数进行设置。

外部电网采用由电压源和系统短路阻抗构成的等效模型,其模型结构如图 4-58 所示。

根据该风电场基本信息和电网数据,建立风电场低电压穿越能力仿真模型,如图 4-59 所示。本实例仿真计算中未考虑邻近风电场的影响。

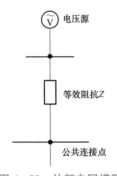

图 4-58 外部电网模型

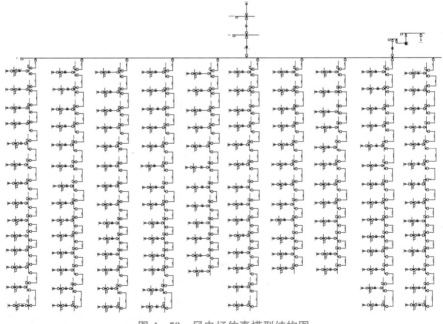

图 4-59 风电场仿真模型结构图

表 4-9 和表 4-10 分别给出了风电机组大出力和小出力工况下风电场

的有功恢复特性。可见，小出力工况下，故障后风电场有功功率均能够快速恢复，而大出力工况下，除四种典型故障的 90%U_n 跌落和单相接地故障的 0.75U_n 跌落，故障后风电场有功能够快速恢复，在其他工况下，故障后有功功率均按斜率恢复，且功率变化率在 4.49%额定功率/s 至 18.86%额定功率/s 范围内，其中有 9 个工况下的有功功率恢复不满足《风电场接入电力系统技术规定》（GB/T 19963—2011）的要求。

表 4-9　风电机组大出力（$P=P_n$）工况下风电场有功恢复特性

并网点电压跌落	故障类型	有功功率恢复特性	功率变化率
0.9U_n	三相短路	有功功率能够快速恢复	
	两相相间		
	两相接地		
	单相接地		
0.75U_n	三相短路	故障后有功功率按斜率恢复	5.82%额定功率/s
	两相相间		5.82%额定功率/s
	两相接地		5.82%额定功率/s
	单相接地	有功功率能够快速恢复	
0.5U_n	三相短路	故障后有功功率按斜率恢复	6.84%额定功率/s
	两相相间		7.41%额定功率/s
	两相接地		7.98%额定功率/s
	单相接地		1.71%额定功率/s
0.35U_n	三相短路	故障后有功功率按斜率恢复	17.77%额定功率/s
	两相相间		10.77%额定功率/s
	两相接地		12.56%额定功率/s
	单相接地		4.49%额定功率/s
0.2U_n	三相短路	故障后有功功率按斜率恢复	18.86%额定功率/s
	两相相间		12.00%额定功率/s
	两相接地		16.00%额定功率/s
	单相接地		6.86%额定功率/s

表4-10　风电机组小出力（$P=0.13P_n$）工况下风电场有功恢复特性

并网点电压跌落	故障类型	有功功率恢复特性
0.9U_n	三相短路	有功功率能够快速恢复
	两相相间	
	两相接地	
	单相接地	
0.75U_n	三相短路	有功功率能够快速恢复
	两相相间	
	两相接地	
	单相接地	
0.5U_n	三相短路	有功功率能够快速恢复
	两相相间	
	两相接地	
	单相接地	
0.35U_n	三相短路	有功功率能够快速恢复
	两相相间	
	两相接地	
	单相接地	
0.2U_n	三相短路	有功功率能够快速恢复
	两相相间	
	两相接地	
	单相接地	

　　表4-11和表4-12分别给出了风电机组大出力和小出力工况下风电场的无功注入特性。可见，在大出力情况下，三相短路故障的50%U_n、30%U_n、20%U_n跌落，故障期间风电场能够快速提供无功电流支撑，无功电流分别为0.08kA、0.17kA和0.2kA，其他工况下均未提供无功电流支撑；在小出力情况下，除不对称故障的50%U_n、30%U_n、20%U_n跌落，以及单相短路的90%U_n跌落和两相相间故障下的75%U_n跌落外，其他工况下风

电场在故障期间均能够提供部分无功电流支撑。

表 4-11 风电机组大出力（$P=P_n$）工况下风电场无功注入特性

并网点电压跌落	故障类型	无功功率注入特性	响应时间（s）	无功电流值（kA）
0.9U_n	三相短路	风电场故障期间吸无功		
	两相相间			
	两相接地			
	单相接地			
0.75U_n	三相短路	风电场故障期间吸无功		
	两相相间			
	两相接地			
	单相接地			
0.5U_n	三相短路	风电场故障期间发无功	0.01	0.08
	两相相间	风电场故障期间吸无功		
	两相接地			
	单相接地			
0.35U_n	三相短路	风电场故障期间发无功	0.01	0.17
	两相相间	风电场故障期间吸无功		
	两相接地			
	单相接地			
0.2U_n	三相短路	风电场故障期间发无功	0.01	0.20
	两相相间	风电场故障期间吸无功		
	两相接地			
	单相接地			

表 4-12 风电机组小出力（$P=0.13P_n$）工况下风电场无功注入特性

并网点电压跌落	故障类型	无功功率注入特性	响应时间（s）	无功电流值（kA）
0.9U_n	三相短路	风电场故障期间发无功	0.01	0.082
	两相相间		0.01	0.082
	两相接地		0.01	0.082
	单相接地	风电场故障期间无功出力为零		

并网点电压跌落	故障类型	无功功率注入特性	响应时间（s）	无功电流值（kA）
0.75U_n	三相短路	风电场故障期间发无功	0.01	0.061
	两相相间	风电场故障期间吸无功		
	两相接地	风电场故障期间发无功	0.01	0.025
	单相接地	风电场故障期间发无功	0.01	0.082
0.5U_n	三相短路	风电场故障期间发无功	0.01	0.15
	两相相间			
	两相接地	风电场故障期间吸无功		
	单相接地			
0.35U_n	三相短路	风电场故障期间发无功	0.01	0.20
	两相相间			
	两相接地	风电场故障期间吸无功		
	单相接地			
0.2U_n	三相短路	风电场故障期间发无功	0.01	0.25
	两相相间			
	两相接地	风电场故障期间吸无功		
	单相接地			

经仿真计算分析，在大出力和小出力工况下，电网故障导致风电场并网点发生电压跌落时，风电场内所有风电机组均能够维持并网运行，但不同故障情况下的风电场有功功率恢复和无功电流注入特性存在较大的差别，风电场无功电流注入和有功功率恢复速率不满足《风电场接入电力系统技术规定》（GB/T 19963—2011）的要求。

4.6 新能源发电站高电压穿越技术

4.6.1 高电压穿越能力需求

近年来随着新能源发电的快速发展，高比例新能源的并网运行给电力系统的安全稳定带来了巨大的挑战，世界主要新能源发达国家与地区均通过并网导则对新能源发电并网特性进行了规范，特别是新能源发电站的低电压穿越和高电压穿越能力。其中，新能源发电站低电压穿越备受关注，一直以来也是学术界研究的重点与难点，经过持续的理论研究和工程实践，对问题的认识和解决方法也已日趋成熟，新能源发电站低电压穿越能力显著增强，但高电压穿越问题尚未受到重视。

与电压跌落相对应，电压骤升实际上也是一种常见的电网异常现象，通常发生在电网无功功率过剩的情况下。2011 年以来中国发生的几起大规模风电脱网事故表明，风电大规模脱网的典型过程为风电机组低电压脱网—风电场内电压升高—风电机组高电压脱网，高电压脱网机组数量与低电压脱网机组数量相当。如 2012 年中国华北地区某电网发生三相短路故障，具备低电压穿越能力的风电机组成功完成低电压穿越后，在随后的电网电压恢复过程中，由于无功补偿装置缺乏快速自动投切能力，当电网故障消除后，造成局部无功过剩，产生高电压故障，大量成功完成低电压穿越的风电机组因电网短时高电压故障而脱网，致使系统故障进一步扩大，严重威胁电力系统的安全稳定运行。此外，特高压直流受端换相失败会引起送端系统电压出现先低后高的现象，连续换相失败更会引起送端系统周期性低电压和高电压现象。因此，新能源发电站应具备低电压穿越、高电压穿越能力和连续故障穿越能力。

为了保证电网及新能源发电站的安全运行，我国研究制定了高电压穿越相关技术要求与标准。其中，《风力发电机组故障电压穿越能力测试规程》（GB/T 36995—2018）规定了风电机组高电压穿越能力要求，如图 4-60 所示；要求风电机组应具有在图 4-60 所示电压—时间范围内不脱网连续运行的能力，同时对有功功率和动态无功支撑能力也提出了详细的要求。《光伏发电站接入电力系统技术规定》（GB/T 19964—2012）要求并网点电压在标称电压的 1.1～1.2 倍之间时，光伏发电站应至少持续运行 10s；并网点电压在标称电压的 1.2～1.3 倍之间时，光伏发电站应至少持续运行 0.5s。目前，《风电场接入电力系统技术规定》（GB/T 19963—2011）正在修订，风电场高电压穿越的相关要求也在制定过程中。

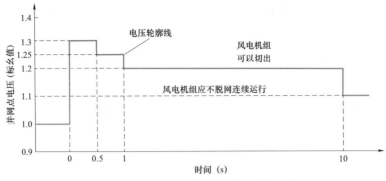

图 4-60　风电机组高电压穿越能力要求

4.6.2　高电压穿越能力评价技术

　　新能源发电单元高电压穿越现场测试同低电压穿越现场测试类似，通过硬件设备在并网点模拟电网故障，以测试其高电压穿越能力。目前国际通用的方法是利用阻容分压原理在测试点产生电压升高，其特性接近实际电网故障时的电压升高特性，能准确反映故障期间风电机组与电网之间的相互影响与作用。利用阻容分压原理的电压升高发生装置示意图如图 4-61所示。

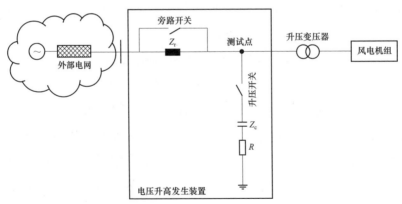

图 4-61　电压升高发生装置示意图

　　图 4-61 中，Z_r 为限流阻抗，用于限制电压升高对电网及新能源发电站内其他在运行新能源发电单元的影响。Z_c 为升压阻抗，R 为升压阻尼电阻，闭合升压开关，将升压阻抗和升压阻尼电阻组成支路的三相或两相连接在一起，在测试点产生要求的电压升高，表 4-13 给出了电压升高幅值

及持续时间。

表 4 – 13 电 压 升 高 工 况

序号	电压升高幅值（U_T，标幺值）	电压升高持续时间（ms）	电压升高波形
1	1.20±0.03	10 000±20	
2	1.25±0.03	1000±20	
3	1.30±0.03	500±20	

为满足新能源发电单元高电压穿越特性模型仿真验证工作的需要，现场测试时可由测试机构与制造商协商确定其他电压升高工况。

新能源发电单元及新能源发电站高电压穿越仿真建模技术、模型验证技术、仿真评价技术与低电压穿越类似，本书不再赘述。

第 5 章

功率控制能力评价技术

新能源发电站通过自动发电控制（automatic generation control，AGC）和自动电压控制（automatic voltage control，AVC）两个系统使风电机组、光伏发电系统、无功补偿装置等设备协同运行，按照电网实时运行控制的要求调节整个电站的有功功率和无功功率，并参与电力系统的频率调节和电压调节。

虽然风电机组和光伏发电系统的能量转换原理、功率控制技术不同，但是风电场和光伏电站的功率控制技术比较相似。新能源发电站的功率控制是分层统一的闭环控制，因为受到电网环境、站内拓扑结构、通信时效、发电单元特性等多方面的影响，难以模仿其真实特性，所以功率控制能力一般基于现场测试的结果进行评价，并且功率控制的现场测试对系统扰动较小、实现难度较低，具有较高的实用价值。

本章首先介绍新能源发电站的 AGC 和 AVC 系统如何控制发电站功率和参与电力系统的调频调压，然后介绍新能源发电站功率控制能力的检测方法和流程，以及功率控制能力检测装置的基本构成，最后介绍新能源发电站功率控制能力的现场检测实例。

5.1 自动发电控制（AGC）技术

5.1.1 电力系统调频

电力系统在遭受严重扰动导致系统发电与负荷出现严重不平衡时，频率能够保持或恢复到允许的范围内不发生频率崩溃的能力，称为电力系统频率稳定，即以最小的发电和负荷损失来维持/恢复系统发电和负荷之间平衡的能力。频率不稳定是可能导致发电机组和/或负荷跳闸的持续的频率波动。为使电力系统频率的波动保持在允许偏差范围内而对发电机组有功出力进行的调节称为电力系统频率调整或电力系统频率控制。电力系统的负荷随时都在变化，系统的频率也相应发生变化，为保证频率稳定，应对有功功率进行调整，使频率变化不超过规定的允许范围。

电力系统频率调整的主要方法是调整发电功率和进行负荷管理。按照调整范围和调节特性的不同，频率调整可分为一次调频、二次调频和三次调频。一次调频是指当电力系统频率偏离目标频率时，发电机组通过调速系统的自动反应，调整有功出力以维持电力系统频率稳定。一次调频的特点是响应速度快，但是只能做到有差控制。它不需要自动频率调整装置，也无须进行人工调整，但当系统负荷变化幅度大时，频率变化会超过规定的范围。因此，实际运行中需辅以二次频率调整，即由手动或自动装置移动调速系统特性曲线的位置，进行频率的调整。二次调频是指发电机组提供足够的可调整容量及一定的调节速率，在允许的调节偏差下实时跟踪频率，以满足系统频率稳定的要求，也称为自动发电控制（AGC）。二次调频可以做到频率的无差调节，且能够对联路线功率进行监视和调整。三次调频的实质是完成在线经济调度，其目的是在满足电力系统频率稳定和系统安全的前提下合理利用能源和设备，以最低的发电成本或费用获得更多的、优质的电能。

5.1.2 AGC 系统的基本控制策略

自动发电控制系统根据不同发电机组的特性和电网构成来自动调节电力系统频率，主要由 AGC 调度端主站、通信系统、AGC 厂站端子站构成。AGC 调度端主站的主要工作是维持电力系统频率在额定频率的允许范围内，并维持对外联络线净交换功率在计划值的允许范围内。AGC 厂站端子站主要根据调度主站的控制指令，基于厂站的发电能力和预设的控制逻辑，自动调节厂站内发电设备的有功功率。通信系统主要负责上传终端采集的模拟量和状态信号，下发调度主站的控制指令，交换站间数据和发电计划等。

从 AGC 系统中调度端主站的构成上看，若系统中只有一个 AGC 调度端主站直接控制系统内全部发电机组，称为集中频率控制模式。若系统中的 AGC 调度端主站由一个控制中心和多个分控制中心构成，每一个分控制中心负责所负责区域内的发电机组的控制，称为分层频率控制模式。若系统被分为若干个控制区域，每一个控制区域由一个 AGC 调度主站控制，称为分区频率控制模式。分区频率控制模式可以在不同区域实施不同的控制策略的组合，如一个控制区域执行定频率控制的同时其他控制区域执行定联络线功率控制等。每一个控制区域同时也可以选择采用集中频率控制模式或分层频率控制模式。

区域控制偏差（Area Control Error，ACE）是 AGC 系统的一个重要概念，反映控制区域当前的发电功率偏差值，由联络线交换功率与计划的偏差和系统频率与计划频率的偏差两部分组成，其计算方法取决于分区频率控制方式，主要方式如下。

（1）定频率控制方式。AGC 的控制目标是维持系统频率恒定，因此 ACE 中只包含频率偏差分量

$$ACE = -10\beta\Delta f \qquad\qquad (5-1)$$

式中　β——控制区域的频率响应系数，一般为负值；

　　　Δf——系统频率与计划频率的偏差。

（2）定联络线净交换功率控制方式。AGC 的控制目标是维持本控制区域与相邻控制区域的联络线净交换功率在计划值，因此 ACE 中只包含联络线交换功率与计划的偏差分量

$$ACE = \Delta P_t \qquad\qquad (5-2)$$

式中　ΔP_t——联络线交换功率与计划的偏差。

（3）联络线净交换功率和频率偏差控制方式。AGC 的控制目标是维持本控制区域与相邻控制区域的联络线净交换功率在计划值，同时维持系统频率恒定，因此 ACE 中同时包含联络线交换功率与计划的偏差分量和频率偏差分量

$$ACE = \Delta P_t - 10\beta\Delta f \qquad (5-3)$$

新能源发电站 AGC 子站的控制参考点一般在电站的并网点，通过合理分配每个发电单元的有功功率来实现整个电站的功率控制。风能和太阳能的间歇性和不确定性给新能源的有功调度造成了较大难题，针对新能源发电特点，以下为 AGC 子站主要采取的控制策略。

（1）最大功率。调度端主站下发的控制曲线中的有功功率值为新能源发电站的额定容量，确保新能源发电站能够最大限度地利用风、光资源。

（2）限制功率。调度端主站下发的控制曲线中的有功功率值为人工设定的最大限值。新能源发电站的 AGC 子站控制有功功率在最大限值以下。

（3）按日前计划增减。调度端主站可以在日前计划基础上指定日前计划调整偏移量，使新能源发电站的有功功率始终与最大可调功率保持一个固定的偏差。该控制策略使得在实时发电计划制订中，新能源发电站能够留有部分有功备用，不仅能在系统频率升高时降低有功功率，而且能在系统频率降低时发出有功功率，以参与系统调频。

（4）计划跟踪。调度主站下发计划曲线，新能源发电站跟踪执行。控制曲线中的功率值为新能源发电的计划值，同时支持人工调整计划，调整后的计划曲线将按周期下发。

5.2 自动电压控制（AVC）技术

5.2.1 电力系统调压

电力系统在正常运行或受到干扰后，凭借系统本身固有的特性和控制设备的作用，维持各节点电压在可接受范围内的能力称为电力系统电压稳定。按扰动的类型，电压稳定可分为大干扰电压稳定和小干扰电压稳定；按时间跨度，电压稳定可分为短期电压稳定和中长期电压稳定。电力系统的电压调整需要考虑电力系统无功功率平衡、无功负荷与电压调节、输电线路的无功补偿等因素。

在系统运行中，按分层分区的原则使无功功率达到平衡且留有适当备用。分层是按电压等级分层，通过补偿使不同电压等级电网之间的无功潮流为零或尽可能减小。分区是按地区补偿，使本地区内的无功功率就地平衡，避免经过输电线路输送无功功率，以保持系统稳定和电压质量。系统中须有一定数量的无功功率备用容量，用来防止在大容量补偿设备、发电机组或输电线路发生故障后，系统缺少大量无功功率而发生电压崩溃或失去稳定。在一些地区（如受电地区），应装设一定容量的自动低压减负荷装置和采取事故时紧急限电拉路的措施，以防止发生电压崩溃。

在分区就地平衡的基础上，补偿设备应具有调节能力，以便在负荷变化时保持电压在正常范围内。当采用有载调压变压器调节电压时，须有充足的无功功率补偿容量。为防止电压过高或过低，在输电线路两侧应配置相应的无功补偿设备；若线路一侧接发电厂，则应充分利用发电机的调节能力；超高压输电线路应设置并联电抗器，用以补偿线路的充电功率。

5.2.2　AVC 系统的基本控制策略

自动电压控制（AVC）系统根据不同调压设备的特点来自动调节电力系统电压，需同时兼顾安全性和经济性。与 AGC 系统类似，AVC 系统主要由 AVC 调度端主站、通信系统、AVC 厂站端子站构成。AVC 调度端主站进行周期性的全网优化计算，以提高电力系统电压质量、减小网损、保证系统安全稳定运行。AVC 厂站端子站主要根据调度主站的控制指令，基于厂站的无功设备能力和预设的控制逻辑，自动调节厂站的无功功率。通信系统主要负责上传终端采集的模拟量和状态信号，下发调度主站的控制指令，交换站间数据等。

AVC 系统调度端主站的控制策略主要按照"分层分区、就地平衡"的原则。"分层平衡"主要指各电压等级维持自身的无功功率就地平衡，包括 500（750）kV 网络、220（330）kV 网络、110kV 及以下网络，目的是减少无功功率跨电压等级大范围、远距离传输，尤其避免无功功率由低电压等级网络流向高电压等级网络。"分区平衡"是指将电力系统被分为若干个控制区域，这些区域彼此之间呈电气弱耦合状态，无功支援能力较低，只需保证控制区域内的无功平衡。

风能和太阳能的间歇性和不确定性对电力系统的无功功率分布和电

压稳定会产生一定的影响，在新能源电站出力较低时，输电线路充电无功功率过剩并注入电网，在新能源发电站出力逐渐增加时，输电线路上的充电无功功率逐渐无法满足新能源发电站的无功消耗，电网开始向新能源发电站注入无功功率。因此应利用新能源发电站 AVC 子站进行无功功率的控制，使新能源发电站能够就地平衡无功功率，并保证母线电压在规定范围内。

新能源发电站 AVC 子站的控制参考点一般在电站的并网点，通过协调控制风电机组/光伏逆变器、动态无功补偿设备、低压电容/抗器及主变分接头，快速跟随调度端主站下发的控制目标，控制优先调整调节速度快的设备，调整较慢的设备应随后跟进，保证新能源场站留有充足的动态（调节速度较快的）无功补偿容量，从而最大化新能源发电站的快速无功动态调节储备，提高新能源发电站抵御电压异常的动态无功裕度。

新能源发电站 AVC 子站主要有三个控制目标，以下为按控制优先级排序。

（1）监控并维持风电机组/光伏逆变器机端电压在合格范围内。若出现风电机组/光伏逆变器机端电压临近越限，将执行校正控制，首先利用该风电机组/光伏逆变器本身及邻近风电机组/光伏逆变器的无功出力将其电压拉回。若风电机组/光伏逆变器无功调节能力不够，将采用新能源发电站内其他动态无功补偿设备进行调节。

此控制目标充分保证新能源发电站内每台风电机组/光伏逆变器的正常并网发电，保证风电机组/光伏逆变器不因电压问题出现脱网，为电压的校正控制。

（2）跟随调度端主站下发的新能源发电站并网点的电压控制目标。在满足控制目标（1）的基础上，新能源发电站 AVC 子站接收调度端主站下发的并网点电压控制目标，并控制新能源发电站内的风电机组和无功补偿设备，实现该控制目标；当与调度主站通信中断时，能够按照就地闭环的方式，按照预先给定的并网点电压的运行曲线进行控制。

此控制目标充分保证新能源发电站并网点电压的合格，一方面满足调度要求，实现整个区域内各个新能源发电站的电压协调控制；另一方面，并网点电压合格，也是全场各风电机组电压合格的基础。

（3）维持新能源发电站内无功平衡，并保留较大的动态无功裕度。在满足目标（1）和目标（2）的基础上，新能源发电站 AVC 子站能平衡内部无功流动，避免多台动态无功补偿设备之间或风电机组/光伏逆变器之间出现不合理的无功环流。同时，在电压合格的基础上，能使用风电机组/光伏逆变器的无功功率去置换出动态无功补偿设备的无功功率，使动态无功补偿设备保持有较大的动态无功调节裕度，为应对电压异常变化做好准备。

上述 3 个控制目标中，（1）和（2）的控制目标是为保证新能源发电站正常运行以及所接入电网电压正常的校正控制，（3）的目标是为应对电压异常变化做好准备的优化预防控制。针对上述控制目标，新能源发电站 AVC 子站会按照一定的分配策略计算出各种无功设备的目标值并实施控制。该计算受多重约束条件限制，包括母线电压约束、变压器分接头动作次数约束、新能源发电站无功出力约束等。

5.3 新能源发电站功率控制能力检测及评价

5.3.1 新能源发电站功率控制能力检测方法

新能源发电站的功率控制能力检测项目通常包括有功功率变化、有功功率设定值控制能力、无功电压调节能力等，测试点通常在新能源发电站的并网点。由于风电场和光伏电站功率控制能力检测方法基本相同，本节主要以风电场为例进行介绍。

（1）有功功率变化。风电机组电气部分的功率调节时间一般在几十到几百毫秒，气动、机械部分的调节时间通常为秒级，风电场的功率控制涉及风电场功率控制策略的计算延时、控制指令刷新周期、控制指令的网络延时、风电机组的控制响应延时等，所以风电场的有功控制是一个相对缓慢的过程，通常在几秒到百秒之间。

风电场 1min 和 10min 有功功率变化限值示例如图 5-1 和图 5-2 所示，1min 和 10min 有功功率变化计算方法及推荐限值见表 5-1。

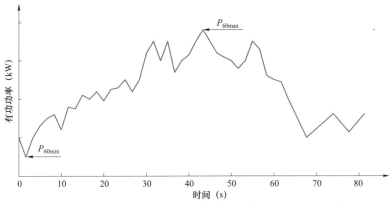

图 5-1　1min 有功功率变化限值示例

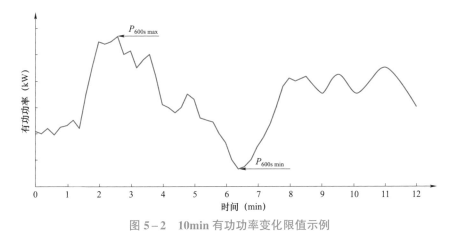

图 5-2　10min 有功功率变化限值示例

表 5-1　　1min 和 10min 有功功率变化计算方法及推荐限值

测试项目	计算公式	推荐限值
1min 最大有功功率变化	$P_{60\max} - P_{60\min}$	额定容量/10
10min 最大有功功率变化	$P_{600\max} - P_{600\min}$	额定容量/3

　　风电场有功功率变化测试应在风电场并网、风电场正常停机、风电场正常运行三种情况下进行。下面详细介绍具体的测试方法。

　　（1）风电场并网。在风电场的有功功率达到或超过额定容量的 75%时，通过风电场控制系统下达全场停机指令以此作为测试开始零时刻。启动风电机组并网，计算零时刻至 60s 时间段内风电场输出功率最大值和最小值，两者之差为 1min 有功功率变化；同样计算 0.2～60.2s 时间段内风电场输出功率最大值和最小值，得出第二个 1min 有功功率变化，以此类推，计算出风电场并网运行期间的 1min 有功功率变化。10min 有功功率变化的计算方法与 1min 有功功率变化的计算方法相同。

通过测试获得风电场并网运行期间的 1min、10min 功率变化值，计算出风电场启动过程中的有功功率变化，确认风电场在并网过程是否对电网存在大的冲击，确保并网过程的有功功率变化在电网允许的要求范围内。

整个测试过程中，在风电场并网点采集三相电压、三相电流瞬时值，数据采集装置采样率应不低于 800Hz。记录测试期间风电场内各台风电机组的运行情况，记录风电场风速和风向信号。

（2）风电场正常停机。风电场的输出功率达到或超过风电场额定容量的 75% 时，通过风电场控制系统下达切除全部运行风电机组命令，此时为测试开始零时刻，计算 0～60s 时间段内风电场输出功率最大值和最小值，两者之差为 1min 有功功率变化；同样计算 0.2～60.2s 时间段内风电场输出功率最大值和最小值，得出 1min 有功功率变化，以此类推，计算出 1min 有功功率变化。10min 有功功率变化的计算方法与 1min 有功功率变化的计算方法相同。

获得风电场正常停机期间 1min、10min 功率变化值，计算出风电场停机过程中的有功功率变化，以确认风电场在停机过程是否对电网存在较大的冲击，确保风电场停机过程的有功功率变化在电网允许的要求范围内。

整个测试过程中，在风电场并网点采集三相电压、三相电流瞬时值，数据采集装置采样率应不低于 800Hz；测试期间应记录风电场的风速、风向、风电机组的运行情况。

（3）风电场正常运行。测试在风电场连续运行情况下进行。风电场连续运行时，在风电场并网点采集三相电压、三相电流，采样频率不低于 800Hz。输出功率从 0 至额定功率的 100%，以 10% 的额定功率为区间，每个功率区间、每相至少应采集风电场并网点 5 个 10min 时间序列瞬时电压和瞬时电流值；通过计算得到所有功率区间的风电场有功功率的 0.2s 平均值。以测试开始为零时刻，计算 0～60s 时间段内风电场输出功率最大值和最小值，两者之

差为 1min 有功功率变化；同样计算 0.2～60.2s 时间段内风电场输出功率最
大值和最小值，得出 1min 有功功率变化，以此类推，计算出 1min 有功功
率变化。10min 有功功率变化的计算方法与 1min 有功功率变化的计算方法
相同。测试期间应记录风电场的风速、风向、风电机组的运行情况。正常
运行期间，用于计算功率变化所需的 10min 数据个数要求见表 5－2。

表 5－2　　　　　　　　　　　　10min 数据功率区间分布

有功功率区间（额定功率的百分比，%）	10min 数据个数	有功功率区间（额定功率的百分比，%）	10min 数据集个数
≤10	≥5	50～60	≥5
10～20	≥5	60～70	≥5
20～30	≥5	70～80	≥5
30～40	≥5	80～90	≥5
40～50	≥5	90～100	≥5

　　（2）有功功率设定值控制。风电场有功功率设定值控制能力测试需要
给定风电场的有功功率控制目标，记录风电场有功功率控制的响应时间、
控制精度等。正常运行时，电力系统调度机构通过调度端 AGC 主站下发
功率控制目标指令，风电场 AGC 子站接收控制指令后按照预定策略计算
每台风电机组有功功率目标，并通过通信网络将目标值发送给风电机组执
行。有功功率设定值控制能力测试时，在 AGC 主站或风电场 AGC 子站端
人机接口处设定功率控制目标，由 AGC 子站控制执行。在风电场输出功
率满足要求的情况下（通常风电场出力需达到 $75\%P_n$ 或以上），按照图 5－3
所示下发有功功率控制目标，风电场有功功率从 $80\%P_n$（或当前值）降到
20%，每次降幅为 20%，在每个控制点持续运行 4min；有功功率从 20%上
升至 80%（或当前值），每次幅度为 20%，在每个控制点持续运行 4min。
测试风电场跟踪有功功率设定值运行的能力，测试指标包括风电场有功功
率控制响应时间、超调量，并测试风电场有功功率的控制精度。

　　风电场有功功率控制能力测试需要满足的条件为：测试期间风电场的
输出有功功率至少能够达到其额定输出功率的 75%，运行风电机组数量应
大于全部风电机组数量的 95%。

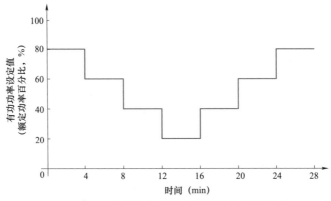

图 5-3 风电场有功功率设定值变化曲线

以下为风电场有功功率控制能力测试的方法。

1）根据风电场历史出力及当前电网运行方式确定风电场的有功功率控制目标曲线。

2）切换风电场功率控制系统有功功率控制模式为"受限模式"。

3）通过 AGC 子站（或 AGC 主站）下发有功功率控制目标。

4）在风电场并网点采集风电场的三相电压、三相电流，采样频率不低于 800Hz。

5）给出风电场输出有功功率跟踪设定值变化的曲线，计算超调量、响应时间和最大偏差，如表 5-3 所示。

表 5-3　　　　　　　　　　有功功率设定值控制指标

有功功率控制设定值 $[(P/P_n)\times100\%]$	有功功率设定值控制响应时间（s）	超调量（%）	最大偏差（%）
80%→60%			
60%→40%			
40%→20%			
20%→40%			
40%→60%			
60%→80%			

6）记录测试期间风电场内各台风电机组的出力、风电场风速和风向

以及风电场有功功率分配策略。

（3）无功功率控制能力。风电机组应具备功率因数在超前 0.95～滞后 0.95 的范围内动态可调能力，因此既要测试风电机组、风电场的输出无功容量范围，也要考核在有功出力变化时，为保持并网点电压稳定，其无功动态调整能力。此外，风电场的无功能力还和其配置的动态无功补偿装置容量密切相关。通过其场内的无功/电压控制系统（AVC 子站）协调控制风电机组和动态无功补偿装置的无功出力，使得风电场并网点母线电压、场内各母线电压运行在合理范围内。风电场无功功率控制能力的测试通常以其并网点作为考核点，测试过程中应限制风电机组与无功补偿装置间的无功环流，密切关注场内各点电压水平，确保无功功率的调整不会导致场站内各母线电压越限和电压的大幅度波动。

以下为风电场无功功率控制能力测试方法。

1）测试分别在风电场有功功率大于 $60\%P_n$ 和小于 $30\%P_n$ 两种工况下进行。

2）根据风电场运行的母线电压上限、下限，设置风电场内设备的过压、欠压保护定值。

3）测试期间，在风电场并网点采集三相电压、三相电流和设定值控制信号，采样频率不低于 800Hz。

4）测试期间记录风电场电压、风电机组及无功补偿装置运行状态、风电场风速和风向。

5）风电场有功功率大于 $60\%P_n$ 和小于 $30\%P_n$ 时，通过风电场 AVC 子站阶梯状下调无功功率给定值，每次调节步长以 2～4Mvar 为宜，直至电压达到母线电压下限值或风电场减无功功能闭锁，每次无功功率达到目标值后宜保持 5min。

6）通过风电场 AVC 子站阶梯状上调无功功率给定值，每次调节步长以 2～4Mvar 为宜，直至电压达到母线电压上限值或风电场增无功功能闭锁，每次无功功率达到目标值后宜保持 5min。

风电场无功功率控制能力的考核指标包括无功控制响应时间、最大偏差等，如表 5-4 所示。

表 5-4　　　　　　风电场并网点无功功率控制能力响应指标

运行工况	无功设定值	响应时间（s）	最大偏差（%）
≥60%P_n	××Mvar		
	××Mvar		
	××Mvar		
	××Mvar		
	××Mvar		
≤30%P_n	××Mvar		
	××Mvar		
	××Mvar		
	××Mvar		
	××Mvar		

（4）电压控制能力。风电场的电压控制能力测试通过风电场无功电压控制系统进行，通过无功电压控制系统下发风电场的电压控制目标，直至风电场因无功调节能力耗尽而闭锁调节，此时的风电场电压即风电场在当前运行方式下的电压极限。因为电压控制能力是考察风电场对母线电压的调节及保持能力，所以试验过程中电压的调节步长不宜太大，每次电压到达阶段性调节目标后，需要停留一段时间，考察风电场对该电压的保持能力。考虑到电网的安全，实际测试过程中，可以选择采用调度给出的风电场运行母线电压上、下限作为测试极限目标，达到此上下限即认为调节能力合格，也可以在此基础上进一步对电压进行控制，要求达到相关标准对电压上、下限的要求。

以下为风电场电压控制能力的测试方法。

1）根据风电场运行的母线电压上限、下限，结合设备参数设置风电场内设备的过压、欠压保护定值。

2）在电网调度机构给出的风电场母线电压运行上限、下限范围内，结合风电场母线电压历史曲线、风电机组运行电压上限、下限，确定测试过程中的电压给定值范围。

3）在风电场并网点采集三相电压、三相电流、风电场风速以及设定值控制信号，采样频率不低于 800Hz。

4）通过 AVC 子站下调并网点电压，直至电压达到调度机构给出的母线电压下限值或风电场减无功功能闭锁；若电压到达下限后，风电场减无功功能未闭锁，可继续下调并网点电压，直至电压达到标准要求的电压下限值或风电场减无功功能闭锁。

5）通过 AVC 子站上调并网点电压，直至电压达到调度机构给出的母线电压上限或风电场增无功功能闭锁；若电压达到上限后，风电场增无功功能未闭锁，可继续上调并网点电压，直至电压达到标准要求的电压上限或风电场增无功功能闭锁。

6）给出测试期间风电场电压随设定值变化曲线；给出测试期间风电场有功出力、无功出力与风电场电压的对应关系曲线。

7）记录测试期间风电场内各台风电机组的出力、无功补偿装置出力及 AVC 子站的控制方式。

对于接入 220kV 及以上电压等级，配置同步相量测量单元（PMU）且全部机组并网调试运行后超过 6 个月的风电场，可由电网调度机构根据 PMU 历史数据来评估风电场电压调节能力。

图 5-4 为风电场电压控制目标曲线设定值示例。在当前电压水平 U_0 下下调电压目标值，每次调节步长为 2kV，电压调节保持时间为 5min，直至风电场并网点电压达到调度要求的下限 U_l 或风电场减无功闭锁；然后将电压向上调节，直至风电场并网点电压达到调度要求的上限 U_h 或风电场增无功闭锁，每次调节步长为 2kV。每次并网点电压达到调节目标值后，保持时间为 5min。在电压调节能力有限的地区，每次电压调节步长可设定为 1kV。

5.3.2　新能源发电站功率控制能力检测装置

为满足新能源发电站功率控制能力的测试要求，需要采用高性能、抗干扰和适应较为恶劣环境（如沙尘、零下 20℃ 以下低温）的测量仪器作为硬件采集平台，实现新能源发电站并网点三相电压、三相电流和风速/辐照度等的实时同步采集。与此同时，考虑到部分新能源发电站功率控制系统不具备控制目标的手动设置能力，为模拟调度功率控制主站功能，保证控制目标下达与数据采集的同步性，增加了模拟指令下发装置，提高测试方法的普适度和测试效率。如图5-5所示，新能源电站功率控制能力检测装置硬件主要包括数据采集装置和指令模拟下发装置。

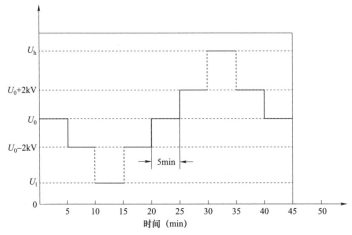

图5-4 风电场电压控制目标曲线设定值

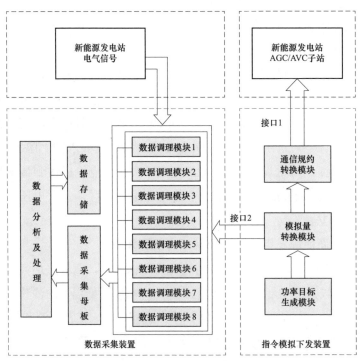

图5-5 风电场功率控制能力检测装置结构图

数据采集装置在采集风电场三相电压、三相电流和风速信号的同时，还要采集控制指令下发装置同步输出的指令信号。使用控制指令下发装置给风电场发送控制指令时，该装置会同步输出一个与控制指令成比例的电压信号，该信号将接入数据采集装置，这样就能在模拟调度给风电场下发功率控制指令的同时，同步采集该控制信号，达到准确计算控制响应时间、稳态偏差等技术指标的目的。

（1）数据采集装置。数据采集装置采用一体化仪器，设备可以采集（测量）模拟量、数字量和计数器（脉冲量）等多种信号，并且各个通道的信号采集都可以做到同步，所有的采样时钟都是基于一个系统时钟，设备可以使内部 A/D 板时钟，这种系统时钟技术可以使几个独立系统做到完全同步，即使这些系统之间没有线缆相连。每套系统可以多达上百个通道，而且通道的测量值可通过 TFT 显示屏，并进行实时显示。装置采用铝合金机箱，电磁屏蔽性能优异，可用于恶劣的工作环境。

以下为典型功率控制能力测试装置的特点。

1）精密且多样化的信号前端调理模块；

2）高度集成测试系统；

3）开放式结构；

4）简捷易用的多功能数据采集分析软件；

5）抗恶劣环境设计，满足现场测试要求。

（2）指令模拟下发装置。指令模拟下发装置可模拟调度 AGC/AVC 主站下发功率控制调节目标。该装置有两个信号输出接口，接口 1 通过规约转换模块将功率控制目标指令发送至新能源发电站 AGC/AVC 子站，接口 2 将与功率控制目标成正比的电压信号通过模拟量转换模块输出至数据采集装置，触发数据采集装置同步采样。该装置主要包括功率目标生成模块、模拟量转换模块、通信规约转换模块等。

功率目标生成模块的功能是模拟发出控制目标指令，目标指令的类型、目标值大小、目标值保持时间可灵活设置，支持通过分段曲线方式一次性导入所有试验工况；模拟量转换模块输出正比例于目标指令的信号至数据采集装置，启动数据采集装置记录新能源发电站电压、电流、功率等实时信号，保证功率控制目标与发电站电气数据的同步性；通信规约转换模块接收目标指令并采用标准通信规约发送至新能源发电站 AGC/AVC 子站，通信规约转换模块能匹配 AGC/AVC 子站的不同通信规约及接口点表配置；AGC/AVC 子站接收功率控制目标后按照新能源发电站的正常功率控制链路，执行发电单元的功率控制。

以下为指令模拟下发装置主要技术指标。

1）具备并行输出两路模拟量、两路开关量。模拟量输出范围为 0～10V 直流电压，输出精度＞0.1%，带载能力不低于 100mA。开关量为无源动合节点，节点容量输出比例为 DC 220V/0.1A，输出脉宽 0.1s。

2）具备新能源发电站功率控制典型通信规约，可以将功率控制目标指令发送至新能源发电站 AGC/AVC 子站。

3）当模拟量输出的目标值变化时，变化时刻信号的输出应为阶跃信号或类似的阶跃信号，变化的斜率大于 10V/s，变化过程中无超调或振荡。

4）模拟量转换模块采用独立 CPU 运行，采用 DC 110V/220V 供电，可实现模拟量输出量程的灵活配置。

5）模拟量转换模块具备必要的运行状态指示，包括工作电源监视、通信状态指示、接收指令情况。

6）通信接口、开关量输出接口应采用隔离方式。

7）具备可靠监测通信的中断及恢复的能力。当通信状态切换时，应能连续正常运行。

图 5-6 是指令模拟下发装置工作流程图。装置硬件初始化完成后，启动规约转换模块的配置及运行，当规约及通讯点表匹配成功后，下发新能源发电站功率控制目标，分别由规约转换模块及模拟量转换模块将目标输出至发电站 AGC/AVC 子站及数据采集装置。

5.3.3 新能源发电站功率控制能力检测实例

（1）风电场。选取测试的风电场装机容量为 50MW，共安装 3.0MW 双馈风电机组 16 台、2.0MW 双馈风电机组 1 台，由额定容量为 100MVA 的主变压器升压后接入 110kV 电网。风电场配置一套动态无功补偿装置，

额定补偿容量范围为感性 16Mvar 至容性 16Mvar，额定电压 10kV。图 5−7
为典型风电场功率控制能力测试点示意图。

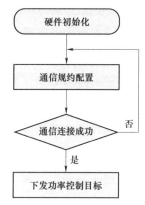

图 5−6　指令模拟下发装置工作流程图

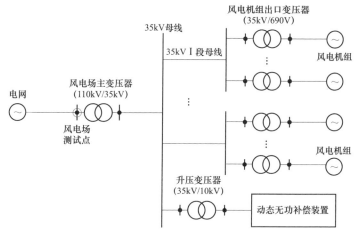

图 5−7　典型风电场功率控制能力测试点

1）有功功率变化。在风电场正常运行、并网和正常停机三种不同情况
下，分别测量风电场 110kV 并网点的有功功率变化。有功功率变化是以
0.2s 为间隔，计算出测试期间的有功功率，再分别计算 10min 和 1min 的
变化。表 5−5 为风电场在三种不同工况下的最大有功功率变化测试结果。
图 5−8 和图 5−9 分别是风电场正常停机和并网时的有功功率测量值和设
定值变化曲线。

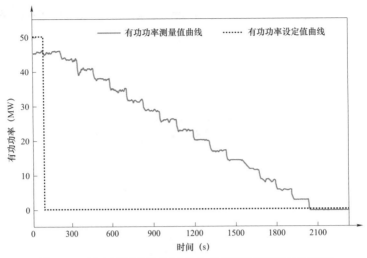

图 5-8 风电场正常停机时有功功率测量值和设定值曲线

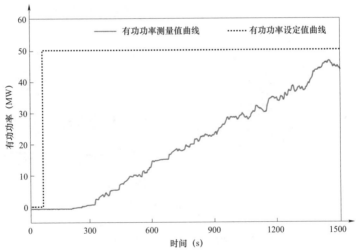

图 5-9 风电场并网时有功功率测量值和设定值曲线

表 5-5 最 大 有 功 功 率 变 化

工况	10min 最大有功功率变化（MW）	1min 最大有功功率变化（MW）
正常运行	32.9	17.2
并网	16.41	6.00
正常停机	15.80	4.95

2）有功功率设定值控制。风电场正常运行时，通过 AGC 子站下发有

功功率控制指令，给出不同的有功功率设定值，测量风电场跟踪有功功率
控制指令的能力。如图 5-10 所示为风电场有功功率设定值控制测试期间
风电场并网点有功功率变化曲线与设定值变化曲线，表 5-6 为测试期间风
电场有功功率设定值控制响应指标。

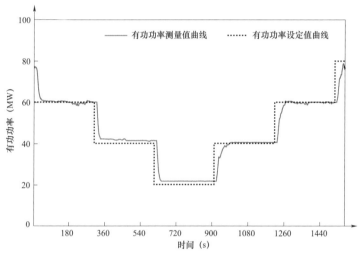

图 5-10　风电场并网点有功功率测量值与设定值曲线

表 5-6　　　　　风电场并网点有功功率设定值控制响应指标

有功功率控制设定值 $[(P/P_n)\times100\%]$	有功功率设定值控制响应时间（s）	超调量（%）	最大偏差（%）
80%→60%		0.0	1.68
60%→40%	31.4	0.0	2.34
40%→20%	32.0	0.0	1.70
20%→40%	44.8	0.60	0.64
40%→60%	42.0	0.78	1.24

　　3）无功功率/电压控制能力。在风电场连续运行情况下，通过风电场
AVC 子站给定电压目标值及无功目标值，由 AVC 子站控制风电机组及无
功补偿装置的无功出力，测试风电场无功功率/电压的控制能力。图 5-11
是风电场无功功率/电压控制能力测试期间风电场并网点电压测量值与设
定值曲线，图 5-12 是风电场并网点有功功率和无功功率测量值曲线，

表 5－7 为测试期间风电场电压调节能力控制响应指标。

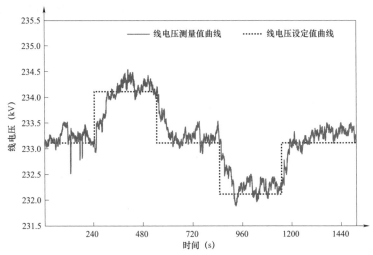

图 5－11　风电场并网点电压测量值与设定值曲线

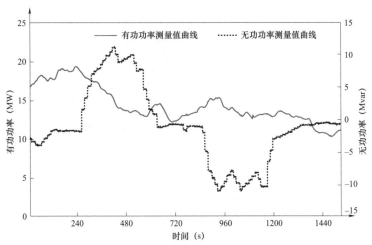

图 5－12　风电场并网点有功功率和无功功率测量值曲线

表 5－7　　　　　　　电 压 控 制 响 应 指 标

电压设定值（kV）	电压控制响应时间（s）	稳态电压偏差（%）
233→234	＞300	0.55
234→233	＞300	0.51
233→232	＞300	0.58
232→233	＞300	0.51

4）结果汇总。根据《风电场接入电力系统技术规定》（GB/T 19963—2011）的推荐，在正常运行、并网和正常停机情况下风电场 10min 有功功率变化最大限值不应超过装机容量的 1/3，1min 有功功率变化最大限值不应超过装机容量的 1/10。风电场正常运行期间 1min 和 10min 有功功率变化和风电场并网运行期间 1min 有功功率变化的测试结果最大值均超出标准推荐的限值。

根据《风电场并网性能评价方法》（NB/T 31078—2016），风电场有功功率控制性能指标需满足如下要求：风电场有功功率设定值控制允许的最大偏差不超过风电场装机容量的 3%；风电场有功功率控制响应时间不超过 120s；有功功率控制超调量不超过风电场装机容量的 10%。该风电场有功功率设定值控制测试结果满足标准要求。

根据《风电场并网性能评价方法》（NB/T 31078—2016），风电场无功功率调节的稳态控制响应时间不超过 30s，如表 5-8 所示。该风电场电压调节的稳态控制响应时间在 300s 左右，不满足标准要求。

表 5-8　　　　　　　　　测 试 结 果 汇 总 表

测试项目	测试内容		标准要求	实际指标
有功功率	有功功率变化	正常运行	10min: 16.65MW	32.9MW
			1min: 5.00MW	17.2MW
		并网	10min: 16.65MW	16.41MW
			1min: 5.00MW	6.0MW
		正常停机	10min: 16.65MW	15.80MW
			1min: 5.00MW	4.95MW
	有功功率控制能力		响应时间：120s	最大值：51.0s
			超调量：$10\%P_n$	最大值：$6.0\%P_n$
			稳态偏差：$3\%P_n$	最大值：$0.7\%P_n$
无功电压控制	无功电压调节能力		响应时间：30s	最大值：300s

（2）光伏电站。选取测试的光伏发电站总装机容量为 30MW，共安装单台额定容量为 500kW 逆变器 60 台，由 3 条 35kV 线路连接至光伏发电

站 35kV 母线，由光伏发电站 35kV 输出汇总点送出，经一回 35kV 架空线路接入 220kV 变电站。光伏发电站安装无功补偿装置一套，额定补偿容量范围为感性 6.0Mvar 至容性 6.0Mvar，电压等级 10kV。

1）有功功率变化率。光伏发电站正常启动、控制启动、正常停机、控制停机和正常运行五种不同工况下，分别测量光伏发电站的有功功率变化。图 5-13 为典型光伏发电站功率控制能力测试点示意图，表 5-9 为光伏发电站在不同工况下的 1min 和 10min 有功功率变化测试结果。

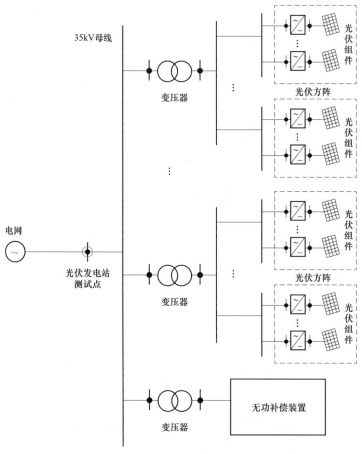

图 5-13　典型光伏发电站功率控制能力测试点

表 5 - 9　　　　　　　　　　　有　功　功　率　变　化　率

工况	有功功率变化率最大值（MW/min）
正常启动	0.9
控制启动	1.2
正常停机	3.7
控制停机	1.4
正常运行	9.5

图 5 - 14 所示为光伏发电站正常启动时有功功率随时间的变化曲线，图 5 - 15 所示为光伏发电站控制启动时有功功率随时间的变化曲线，图 5 - 16 所示为光伏发电站正常停机时有功功率随时间的变化曲线，图 5 - 17 为光伏发电站控制停机时有功功率随时间的变化曲线。

2）有功功率设定值控制。光伏发电站连续运行工况下测量光伏发电站的有功功率调节能力，通过光伏电站功率控制系统下发有功功率控制指令。图 5 - 18 所示为光伏发电站有功功率设定值控制测试过程中有功功率测量值与设定值变化曲线，表 5 - 10 为测试期间光伏发电站有功功率设定值控制响应指标。

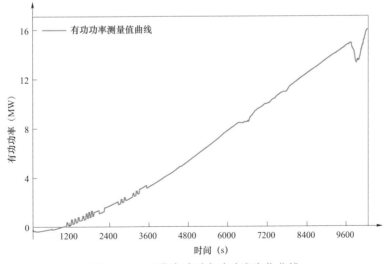

图 5 - 14　正常启动时有功功率变化曲线

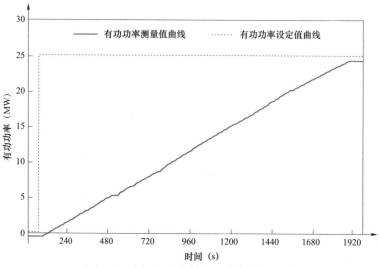

图 5-15　控制启动时有功功率变化曲线

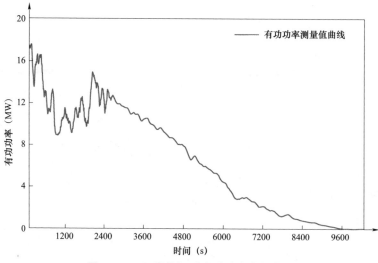

图 5-16　正常停机时有功功率变化曲线

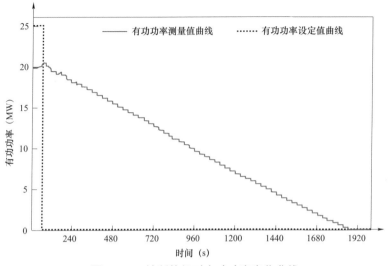

图 5－17　控制停机时有功功率变化曲线

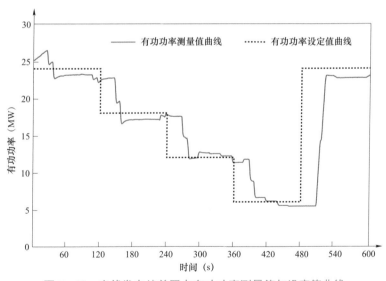

图 5－18　光伏发电站并网点有功功率测量值与设定值曲线

表 5－10　　光伏发电站并网点有功功率设定值控制响应指标

光伏发电站所配逆变器总有功功率 $P_n = 30MW$				
有功功率控制设定值 P_1（MW）	实测功率平均值 P_2（MW）	功率偏差（MW）$\Delta P = \mid P_2 - P_1 \mid$	超调量（%）	响应时间（s）
24	23.0	1.0	6.1	
18	17.2	0.8	3.7	28.5
12	12.4	0.4	0.4	37.8
6	5.60	0.4		40.8
24	22.7	1.3		42.0

　　3）无功/电压调节能力。光伏发电站连续运行工况下，调节站内动态无功补偿装置的输出值，测量光伏发电站无功功率调节能力；动态无功补偿装置额定容量为 6.0Mvar。图 5－19 为光伏发电站并网点无功功率测量值与设定值变化曲线，表 5－11 为测试期间光伏发电站无功控制能力响应指标。

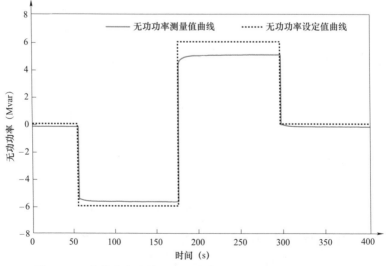

图 5－19　　光伏发电站并网点无功功率测量值和设定值变化曲线

表 5-11　　　　　　　　　　无功功率控制能力响应指标

光伏发电站所配逆变器总功率 $P_n = 30MW$			
无功功率控制设定值 Q_1（Mvar）	实测功率平均值 Q_2（Mvar）	功率偏差 $\Delta Q = \vert Q_2 - Q_1 \vert$（Mvar）	响应时间（s）
0	-0.2	0.2	
-6.0	-5.7	0.3	1.6
+6.0	+5.0	1.0	
0	-0.2	0.2	1.5

4) 结果汇总。根据《光伏发电站接入电力系统技术规定》（GB/T 19964—2012）的要求，在正常运行、并网和正常停机情况下光伏发电站有功功率变化率最大值不应超过 10%装机容量/min。测试结果表明，光伏发电站正常运行和正常停机运行期间有功功率变化率测试结果最大值均超出标准推荐的限值。

根据《光伏发电站并网性能测试与评价方法》（NB/T 32026—2016），光伏发电站有功功率控制性能指标需满足如下要求：光伏发电站有功功率设定值控制允许的最大偏差不超过光伏发电站装机容量的 5%；光伏发电站有功功率控制响应时间不超过 60s；有功功率控制超调量不超过光伏发电站装机容量的 10%。测试结果表明，该光伏发电站有功功率设定值控制能力满足标准要求。

根据《光伏发电站并网性能测试与评价方法》（NB/T 32026—2016），光伏发电站无功功率调节的稳态控制响应时间不超过 30s。测试结果表明，该光伏发电站无功功率调节的稳态控制响应时间满足标准要求。表 5-12 为功率控制能力评价汇总表。

表 5-12　　　　　　　　　　功率控制能力评价汇总表

测试项目	测试内容		标准要求	实际指标
有功功率	有功功率变化率	正常运行	3.0MW/min	9.5MW/min
		正常并网		0.9MW/min
		正常停机		3.7MW

测试项目	测试内容	标准要求	实际指标
有功功率	有功功率控制能力	响应时间：60s	最大值：42.0s
		超调量：$10\%P_n$	最大值：$6.1\%P_n$
		稳态偏差：$5\%P_n$	最大值：$1.3\%P_n$
无功电压控制	无功电压调节能力	响应时间：30s	最大值：1.6s

第 6 章

电能质量评价技术

　　良好的电能质量对电网安全和经济运行、工业产品生产和人民日常用电均有重要意义。新能源发电出力的间歇性和随机性可能会引起电压波动和闪变，采用电力电子器件的新能源发电设备会产生谐波。因此，如何通过测试和评价的手段来判断新能源发电站产生的电压波动和闪变、谐波是否符合国家标准的要求显得至关重要。

　　本章首先介绍了新能源发电电能质量问题产生的主要原因，并对电能质量问题所引起的危害进行了说明，然后重点介绍了电压波动和闪变测量的原理和评价方法、谐波测量的原理和评价方法。

6.1 新能源发电的电能质量

6.1.1 电能质量的指标

　　一般地，电能质量是指导致用电设备不能正常工作的电压、电流或频率偏差，主要包括电压偏差、电压波动和闪变、频率偏差、三相不平衡、瞬态过电压、波形畸变、电压暂降与短时中断、供电连续性。

　　从广义范畴来说，电能质量是指电压质量、电流质量、供电质量、用电质量。

　　从狭义范畴来看，电能质量的"偏差"主要是指电网中各节点电压、电流的波形与标准要求波形之间的符合度。我国理想的电网电压为幅值确定、频率为 50Hz 的三相正弦波形，而电能质量更多侧重于电压波形与标准要求波形之间的符合度，反映供电企业向用户供给的电力是否合格。

在电网实际运行中，由于负荷性质和电网结构的共同作用，往往导致电压波形偏离理想波形，产生电能质量问题。我国主要关注的电能质量问题包括供电电压偏差、电网谐波、频率偏差、三相电压不平衡、电压暂降、电压波动和闪变六项，其具体的定义和指标如下。

1）供电电压偏差。供电电压偏差是指供电点处的线电压或相电压实际运行值与系统标称电压的偏差相对值，一般用百分数表示。《电能质量 供电电压偏差》（GB/T 12325—2008）规定：35kV及以上供电电压正负偏差的绝对值之和不超过标称电压的10%；20kV及以下三相供电电压偏差为标称电压的±7%。由于电网各点的电压调节不同于频率的调节，又由于电网各点电压主要反映了该点无功功率的供需关系，因此电压调节一般采取无功就地平衡的方式进行无功功率补偿，并及时调整无功功率补偿量，以从源头上解决问题。

2）电网谐波。谐波是一种波形畸变现象，按其定义来说是在稳态情况下出现的，而且其频率是基波频率的整数倍。谐波形成的主要原因包括电力电子设备及其新技术的大量采用，如换流器等非线性负荷大量增加，以及各类家用电器普及使用等，这些设备从电网的各个供电点，向电力系统注入大量谐波。引起谐波的电弧炉用户增加和电力机车的增多及其容量增加等，这些因素都增加了电网的谐波含量。

3）频率偏差。《电能质量 电力系统频率偏差》（GB/T 15945—2008）规定了标称频率为50Hz的电力系统频率偏差限值，其中电力系统正常的频率标准为50Hz±0.2Hz。当系统容量较小时，可放宽到50Hz±0.5Hz。

4）三相电压不平衡。三相电压不平衡是指电网各相基波电压幅值不相等或相位差不是120°的现象。根据相序分离原理可知，三相电压不平衡是由于电压中存在负序分量，而负序分量与正序分量的比值表示电压不平衡度，用于衡量电网电压不平衡的程度。《电能质量 三相电压不平衡》（GB/T 15543—2008）中规定：电力系统公共连接点电压不平衡度限值为：电网正常运行时，负序电压不平衡度不超过2%，短时不得超过 4%。

5）电压暂降。电压暂降又称电压骤降、电压凹陷或电压跌落，按照电气与电子工程师协会的定义，是指工频条件下电压均方根值减小到 0.1～0.9 倍额定电压之间、持续时间为 0.5 周期（以中国工频算，1 周期是 20ms）至 1min 的短时间电压变动现象。电压暂降的幅值、持续时间和相位跳变是标称电压暂降最重要的三个特征量。

6）电压波动和闪变。《电能质量　电压波动和闪变》（GB/T 12326—2008）规定，电压波动是指电压方均根值（有效值）一系列的连续改变，而闪变则是指灯光照度不稳定造成的视感。对用户负荷引起的闪变限值，是根据用户负荷的大小、协议用电容量占供电容量的比例及系统电压等级规定的。电力系统公共供电点由冲击负荷产生的电压波动允许值的百分数，分三级作不同的规范和限制。《电能质量　电压波动和闪变》（GB/T 12326—2008）规定了各级电压下的闪变限制值，适用于由波动负荷引起的公共连接点电压的快速变动及由此可能造成人对灯闪感觉明显的场合。

6.1.2　电能质量问题

新能源发电所利用的一次能源为随机的、波动的、间歇的风能和太阳能，并通过电力电子变流器等设备将一次能源转换为清洁的电能。这与传统的同步电机运行方式存在很大的差异，主要表现在两个方面：一方面，一次能源的波动性将导致新能源发电出力呈现间歇性、随机性，可能会引起电压波动和闪变；另一方面，新能源发电多采用基于电力电子器件的发电装置而呈现明显的非线性特性，会引起谐波问题。

在新能源发电出力波动性方面，对光伏发电而言，太阳光照在一年中处于不断的变化中，包括一定的规律性变化和因天气影响导致的随机性变化。这种规律性变化主要包括随季节规律变化的日地距离、太阳赤纬角和高度角等可建立解析模型的因素，随机性变化主要包括大气质量、大气透明系数、云层大小、云层移动情况等随机因素。光伏发电的光照能量处于波动变化中，进而导致光伏发电出力呈现波动性变化。风力发电的一次能量主要由风速、风向、空气密度、风力的垂直方向分布状况等因素决定，这些因素也包括一定的规律性变化和因天气影响导致的随机变化。这种规律性主要包括随季节规律变化的季风、气压等因素，随机性变化主要包括风速、风向等的短时随机波动。由于风力发电系统所捕获的风能处于波动变化中，进而导致风力发电出力也呈现波动性变化。综上所述，以光照能量、风能为一次能源的光伏发电和风力发电，由于一次能源的随机性、间歇性而导致其有功出力呈现波动性变化，同时由于新能源发电的长距离传输，也将导致网络潮流以及节点电压的变化。

在忽略新能源发电并网点的连接线路电阻的情况下，有功功率 P 与功角差 $\Delta\delta$、无功功率 Q 与电压幅值差 ΔU 将呈现一一对应关系。由于新能源发电中一次能源的波动，新能源发电设备的有功功率将发生变化，这将直接导致新能源发电设备并网电压幅值出现变化。当新能源发电渗透率较低时，上述新能源发电功率波动对电网频率的影响一般并不严重，这是由于同一地区内不同新能源机组出力的随机波动有一定的互补性，且新能源的功率波动较之电网惯量而言非常有限，电网的二次调频能力能够削弱电网频率波动。然而考虑到中国新能源发电的渗透率逐年提升，新能源发电功率波动对电网频率的影响也越加凸显。总体而言，可将新能源发电功率波动分解为两个不同的时间尺度，即长时间尺度（数小时）和短时间尺度（数秒至数分钟）。长时间尺度波动主要对应光伏的昼夜变化、潮汐的涨落、平均风速等规律变化，均可通过适当的方法进行预测，进而通过电网调度应对；短时间尺度波动往往对应风速短时变化和云层遮挡阳光等随机变化，无法依靠电网调度进行平抑，而只能依靠电网惯量和同步发电机二次调频来应对。当新能源发电渗透率很高、电网惯量又不足时，例如孤岛运行的微电网、偏远的地方电网，新能源的短时间尺度功率波动就可能产生严重的电能质量问题，甚至影响电网的频率稳定。因此，可在新能源电站并网处引入储能设备，实现新能源发电功率短时波动的就地平衡。事实上，可通过超级电容和储能电池的配合使用，分别应对超短时间尺度（1s 以下）和短时间尺度两类功率波动，实现储能系统运行性能和使用寿命的优化。

在较低电压等级的电网中，新能源发电并网点与电网之间的线路阻抗往往呈阻感性。新能源发电设备输出有功功率波动变化，将对并网点电压的幅值和相位同时产生影响。此时，若发生风速大幅变化或云层遮挡阳光，风力发电、光伏发电的输出功率波动就会引起并网点电压偏差、闪变、电压波动等电能质量问题。通过引入储能装置平抑短时间尺度功率波动，也可以改善电压波动和闪变等暂态电能质量问题。

电压波动会产生多种危害，如电压快速变化将会导致负荷电机转速不均匀，这不仅危机电动机本身的安全运行，而且还会直接影响生产企业的产品质量。新能源发电并网点电压波动，也会导致用电质量降低，如果引起照明光源的闪烁，则会使人感到疲劳甚至难以忍受，以致降低人们的工作效率。严格地讲，闪变只是电压波动造成危害的一种，同样不能以电压波动代替闪变。但在实际应用时，广义的闪变包括了电压波动，甚至电压波动的全部有害内容。这是因为白炽灯是广泛使用的低压照明灯具，具有代表性，其照度变化对电压波动最为敏感和显著。概括地讲，电压波动和闪变的具体危害主要有以下几方面。

（1）引起车间、工作室和生活居室等场所的照明灯光闪烁，使人的视觉易于疲劳甚至难以忍受而产生烦躁情绪，从而降低了工作效率和生活质量。

（2）使得电视机画面亮度频繁变化以及垂直和水平幅度摇动。

（3）造成对直接与交流电源相连的电动机的转速不稳定，时而加速时而制动，由此可能影响产品质量，严重时危机设备本身安全运行。

（4）对电压波动较为敏感的工艺过程或试验结果产生不良影响。

（5）导致电子仪器和设备、计算机系统、自动控制生产线以及办公自动化设备等工作不正常或受到损坏。

（6）导致新能源并网发电设备以及其他并网型电力电子设备的控制系统功能紊乱，致使电力电子变流器出现换相失败、功率耦合等问题。

因此，为了确保高质量电能输出，就新能源发电所带来的闪变而言，必须给予足够的重视和综合的评估，以充分明确新能源发电对公共连接点闪变的影响，并且对于闪变指标超出规定要求的，应加装电能质量治理装置。

在新能源发电装置非线性方面，光伏发电中光伏电池板输出为直流电，需要通过电力电子变流器将其转变为工频交流电，而风力发电系统则利用电力电子变流器将非工频交流电转变为工频交流电，因此电力电子变流器起到电能变换的关键作用，也是决定其输出电流质量的重要设备。一般情况下，光伏逆变器采用两电平电压源变流器，经过合适的 LC、LCL 的滤波电路和升压变压器后与电网相连接。直驱风电机组网侧变流器多采用与光伏逆变器相类似的两电平电压源变流器结构。而双馈风电机组具有两个并网端口，其中一个端口采用与光伏逆变器、直驱风电机组相同的两电平电压源变流器，另一个端口则为感应电机并网端口。一般而言，为了高正弦度、低谐波畸变率并网输出电流，新能源发电多采用全控电力电子变流器，并且采用 PWM 脉宽调制技术控制电力电子功率器件的导通与关断，可降低输出电流的低次谐波分量比例。然而，由于电力电子变流器的容量和输出电流相对较大，如果其开关频率较高，将会极大地增加电力电子功率器件的开关损耗，进而造成功率器件过热并危害电力电子变流器的运行安全。因此，在新能源发电领域中，电力电子变流器难以避免地输出谐波电流分量，在并网点造成谐波污染并降低电能质量，主要体现在以下四个方面。

（1）由于新能源发电设备自身的容量较大，为了降低电力电子器件的开关损耗，其开关频率一般设置在 1～2kHz，有些设备的开关频率甚至低于 1kHz。一般情况下，为了电力电子变流器的安全，采用 PWM 调制技术还需设置额外的死区时间，以避免出现直流短路现象。此外，对于双馈发电机而言，由于电机的旋转属性，将会对电力电子变流器输出的正、负序谐波频率产生不同的影响。尽管在实际应用中会安装 LC、LCL 滤波器以限制电力电子变流器的输出谐波，但无法完全消除，这些由电力电子变流器产生的谐波会注入电网，造成新能源发电设备并网点谐波污染。

（2）发电机作为新能源发电的关键部件，利用其旋转特性将机械能转换为电能。也就是说，新能源发电的电能质量将会受到其发电机的影响。在发电机设计中，虽然已经充分考虑了电机反电势的正弦度，然而发电机反电势仍非完全理想，难以避免地含有一定的齿槽谐波分量。这些谐波分量也会向电网注入谐波电流，进而影响并网点电能质量。目前常用的两种发电机，有非耦合的永磁同步发电机和半耦合的双馈风力发电机，两者齿槽谐波对发电质量的影响机理稍有不同。其中，双馈风力发电系统中的双馈发电机定子绕组直接接于电网中，电机反电势的谐波分量直接影响定子电流波形，进而向电网注入谐波，因此难以有效消除。而永磁同步发电机通过全功率变流器解耦，其反电势谐波影响变流器直流母线电压，再间接进入网侧变流器的输出电流中，因而可通过增大母线电容来改善输出电能质量。

（3）新能源发电设备中包含多种磁元件，比如风力发电系统中的发电机、滤波器、升压变压器等，光伏逆变器中的直流升压汇集电路电感、滤波电感、升压变压器等。在正常工况下，这些磁元件一般运行在饱和点以下，但在电压、电流的变化暂态过程中，可能会导致这些磁元件工作点超过饱和点，进入非线性工作区。由于磁元件的饱和，新能源发电设备输出电流存在某些频率的谐波。这些由于磁元件饱和引起的谐波往往比较复杂，难以像 PWM 调制滤波一样设计专门滤波器滤除。

（4）新能源发电拓扑结构复杂、控制策略多样，可能呈现阻性、感性、容性等多种属性，并会导致新能源发电设备与电网之间、多台新能源发电设备之间出现谐波谐振问题。为了提高线路的输送能力，往往加装串联电容补偿装置。在接入串联电容补偿后的电网中，新能源发电设备易出现低频谐波谐振现象。此外，在新能源发电中，一般还需加装并联电容器，以提高并网点的功率因数。然而，在接入并联电容补偿后的电网中，新能源发电设备易出现高频谐波谐振现象。谐波谐振可用新能源系统与电网间的阻抗匹配特性进行解释和分析，且已有一些研究成果可实现对新能源发电输出阻抗的重塑，进而消除谐波谐振问题，但该技术仍处于初步阶段，对复杂电网阻抗的建模以及对多种新能源机组的阻抗重塑技术仍不成熟。

由于新能源发电设备将会向输电网注入谐波，严重时甚至导致并网点谐波超标，将带来以下潜在效应。

（1）谐波使公用电网中的元件产生了附加的谐波损耗，降低了发电、输电及用电设备的效率。谐波电流在电网中的流动会在线路上产生有功功率损耗，是电网线路损耗的一部分。一般来说，谐波电流与基波电流相比所占比例不大，但谐波频率高，导线的集肤效应使谐波电阻比基波电阻增加得大，因此谐波引起的附加线路损耗也增大。

（2）谐波影响各种电气设备的正常工作。谐波对电机的影响除引起附加损耗外，还会产生机械振动、噪声和过电压，使变压器局部严重过热。谐波使电容器、电缆等设备过热、绝缘老化、寿命缩短，甚至损坏。

（3）谐波会导致继电保护和自动装置误动作，并会使电气测量仪表计量不准确。电力系统中的谐波会改变保护继电器的性能，引起误动作或拒绝动作。不同类型的继电器原理和设计性能不同，因此谐波对其影响也有较大的差别。谐波对大多数继电器的影响并不太大，但对部分晶体管型继电器可能会有很大的影响。电力测量仪表通常是按工频正弦波形设计的，当有谐波时，将会产生测量误差。仪表的原理和结构不同，所产生的误差也不相同。

（4）谐波会对邻近的通信系统产生干扰，轻者产生噪声，降低通信质量；重者导致信息丢失，使通信系统无法正常工作。谐波对通信系统的干扰在国际上是一个被十分重视的问题，对此已进行了充分的研究并制定了相应的标准。电力系统传输的功率以兆瓦计，而通信系统的功率以毫瓦计，两者相差悬殊。因此，电力网中不大的不平衡高频谐波分量，如果耦合到通信线路上，就可能产生很大的噪声。在有多个中性点接地的电网中，如有较大的零序分量，谐波电流通过中性点流入大地，就会严重干扰附近的通信系统。

总之，为了维持低谐波畸变率、高正弦度电流输出，必须对新能源发电所产生的谐波进行综合评估，明确新能源发电的谐波特性，对于谐波指标超出规定要求的，应加装电能质量治理装置。

6.2 新能源发电的闪变测量与评价

6.2.1 闪变测量

IEC 61000－4－15 公布了闪变测量仪的设计说明，同时图 6－1 给出了 IEC 推荐的闪变测量仪的原理与工作说明。

框 1 是输入级：内含电压适配器和信号发生器，分别用于将输入的被测电压适配成适合仪器的电压数值和发生标准调制波电压作仪器自检用。这一单元可将不同等级的电源电压降到适合于仪器内部电路的电压值，并产生仪器自检所用的标准调制电压波。

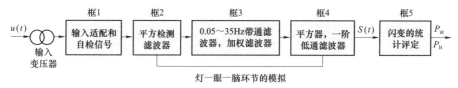

图 6-1 IEC 建议电压闪变测量仪的基本结构示意图

框 2 模拟灯的作用，反映了灯光强度与电压的关系，利用平方检测方法从工频电压中解调出电压波动分量，并给出与调制波幅值呈线性关系的电压。通常将波动电压看成以工频额定电压为载波、其电压的幅值受频率范围在 0.05～35Hz 的电压波动分量调制的调幅波。电压波动分量的检测方法可采用通信理论中大功率载波调制信号的解调方法，用于载波信号同频率、同相位的周期信号乘以被调信号，将电压波动分量与工频载波电压分离，通过带通滤波器得到波动分量。常用的波动电压检出方法有 3 种，即平方解调分离法、全波整流分离法和半波有效值分离法。

框 3 含有高通滤波器、低通滤波器和模拟灯—眼—脑的环节，用于模拟人眼频率选择特性，可反映人眼对不同频率的电压波动的敏感程度，通频带为 0.05～35Hz。

第一，0.05Hz 高通滤波器的传递函数可表示为

$$H_{hp}(s) = \frac{s}{s + 0.314} \tag{6-1}$$

第二，35Hz 六阶巴特沃斯低通滤波器的传递函数可表示为

$$H_{lp}(s) = \frac{a}{s^6 + bs^5 + cs^4 + ds^3 + es^2 + fs + a} \tag{6-2}$$

式中：$a = (219.91)^6$，$b = 848.85$，$c = 360\,768.84$，$d = 9.14 \times (219.91)^3$，$e = 7.46 \times (219.91)^4$，$f = 3.86 \times (219.91)^5$。

第三，灯—眼—脑环节的模式通过如下传递函数实现，具体有

$$K(s) = \frac{k\omega_1 s}{s^2 + 2\lambda s + \omega_1^2} \times \frac{1 + s/\omega_2}{(1 + s/\omega_3)(1 + s/\omega_4)} \qquad (6-3)$$

式中：$\omega_1 = 2\pi \times 9.15494$，$\omega_2 = 2\pi \times 2.7979$，$\omega_3 = 2\pi \times 1.22535$，$\omega_4 = 2\pi \times 21.9$，$k = 1.7482$，$\lambda = 2\pi \times 4.05981$。

框 4 包括一个平方器和一个一阶低通滤波器（传递函数的时间常数为 300ms），以模拟人脑神经对视觉的放映和记忆效应，其输出信号可称为瞬时闪变视感度 $S(t)$，反映了人的视觉对电压波动的瞬时闪变视感度。闪变信号的平方，模拟非线性的眼—脑察觉过程。闪变信号的平滑平均，模拟人脑的记忆效应，其积分功能通过一阶低通滤波器实现，传递函数可写为

$$H(s) = \frac{1}{1 + s\tau} \qquad (6-4)$$

式中：$\tau = 300\text{ms}$。

框 5 为闪变统计分析，即根据框 4 输出信号进行在线统计分析或将其输出做离线（概率函数 CPF 的方法）统计分析，求得并输出短时闪变值 P_{st}，并由短时闪变值计算长时间闪变值 P_{lt}。

在观察周期内（一般为 10min）对框 4 输出值进行统计。为了简明起见，分为 10 级（实际仪器分级数不小于 64 级），以第 7 级为例，由图 6-2 可知处于 7 级的时间 T_7，可按如下计算

$$T_7 = \sum_{i=1}^{5} t_i \qquad (6-5)$$

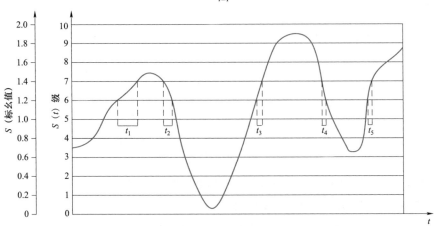

图 6-2　由框 4 输出 $S(t)$ 值曲线做出的时间曲线示例

用 CPF_7 代表框 4 输出值处于 7 级的时间 T_7 占总观察时间的百分数 CPF_7，然后，可求出 CPF_i（$i=1\sim10$）即可做出图 6-3 所示的 CPF 曲线。

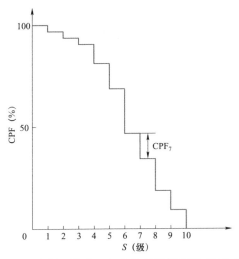

图 6-3　由框 4 输出 $S(t)$ 值曲线做出的 CPF 曲线

根据图 6-3 给出的 CPF 曲线，可计算短时闪变值，具体有

$$P_{st} = \sqrt{0.031\ 4P_{0.1} + 0.052\ 5P_1 + 0.065\ 7P_3 + 0.28P_{10} + 0.08P_{50}} \qquad (6-6)$$

式中：5 个规定值 $P_{0.1}$、P_1、P_3、P_{10} 和 P_{50} 分别为 CPF 曲线上等于 0.1%、1%、3%、10% 和 50% 时间的 $S(t)$ 值。

短时间闪变值适用于对单一闪变源的干扰评价。然而，对于多闪变源的随机运行情况，或者工作占空比不定，且长时间运行的单闪变源，必须做出长时间评价。

《电能质量　电压波动和闪变》（GB/T 12326—2008）中规定长时间闪变的基本记录统计时间为 2h。在 2h 或更长时间测得并做出的累计概率曲线 CPF 中，将瞬时闪变视感度不超过 99% 的短时闪变值 P_{st}（用符号 $P_{st,99\%}$ 表示）或超过 1% 时间的 P_{st} 值（用符号 P_1 表示）作为长时间闪变值，即：$P_{lt} = P_{st,99\%} = P_1$。

6.2.2　风电场闪变评价

在进行风电场闪变测量工作时，应按照《风电场电能质量测试方法》（NB/T 31005—2011）开展现场测试工作，并根据《电能质量　电压波动和闪变》（GB/T 12326—2008），计算风电场短时间闪变值 P_{st} 和长时间闪变值 P_{lt}。

根据相关标准要求，风电场产生的闪变可按照以下方法进行测试。

（1）在风电场连续运行状态下进行测试。

（2）在风电场正常运行时，以不低于 5kHz 的频率采集并网点电压和电流序列，输出功率从 0% 到额定功率的 100%，以 10% 的额定功率为区间，每个功率区间、每相至少采集风电场并网点 5 个 10min 时间序列瞬时电压和瞬时电流的测量值，功率测试结果为 10min 的平均值。

（3）将采集到的风电场并网点电压代入与《电能质量　电压波动和闪变》（GB/T 12326—2008）相一致的闪变算法，并计算每一个 10min 数据集合的短时间闪变值 P_{st}。然后，根据《电能质量　电压波动和闪变》（GB/T 12326—2008）要求，计算长时间闪变值 P_{lt}，并以最大长时间闪变值 P_{lt} 为风电场投入运行时的长时间闪变值 P_{lt1}。

（4）在风电场停运时，测量并网点的背景长时间闪变值 P_{lt0}，周期为 24h；然后根据式（6-7），计算风电场单独引起的长时间闪变值 P_{lt2}

$$P_{lt2} = \sqrt[3]{P_{lt1}^3 - P_{lt0}^3} \qquad (6-7)$$

根据风电场并网点和公共连接点之间的短路容量，计算风电场在公共连接点产生的闪变值

$$P_{lt,PCC} = T_k P_{lt2} = \frac{S'_{sc,PCC}}{S_{sc,PCC} - S'_{sc,WF}} P_{lt2} \qquad (6-8)$$

式中　T_k——风电场并网点长时间闪变值到电力系统公共连接点的传递系数；

$P_{lt,PCC}$——风电场并网点长时间闪变值在公共连接点引起的闪变值；

P_{lt2}——风电场并网点长时间闪变值；

$S'_{sc,PCC}$——风电场公共连接点短路时从公共连接点流向风电场的短路容量；

$S_{sc,PCC}$——公共连接点的短路容量；

$S'_{sc,WF}$——风电场并网点短路时风电场并网点流向公共连接点的短路容量。

在 $P_{lt2} < 0.25$ 时，风电场可不经过闪变核算直接接入电力系统；若 $P_{lt2} > 0.25$，则核算风电场闪变限值。

（1）核算接于公共连接点的所有负荷闪变的总限定值 G，具体有

$$G = \sqrt[3]{L_P^3 - T^3 L_H^3} \qquad (6-9)$$

式中　L_P——公共连接点电压等级对应的长时间闪变 P_{lt} 限值；

　　　L_H——公共连接点上一电压等级的长时间闪变 P_{lt} 限值；

　　　T——上一电压等级对下一电压等级的闪变传递系数，建议值为 0.8。

（2）计算风电场闪变限定值 E_{WF}，具体有

$$E_{WF} = G \sqrt[3]{\frac{S_{WF}}{S_t} \cdot \frac{1}{F}} \qquad (6-10)$$

式中　S_{WF}——风电场容量；

　　　S_t——公共连接点接入设备总容量；

　　　F——波动负荷的同时系数，建议值为 0.2～0.3。

6.3　新能源发电的谐波测量与评价

6.3.1　谐波测量

傅立叶变换是电力系统谐波分析计算的常用工具。利用傅立叶变换进行电力系统谐波分析主要分为如下三个步骤：首先，对信号进行采样，将连续序列信号变换为离散信号序列；其次，建立数据窗口，忽略数据窗前后的信号波形；最后，用谐波分析方法进行谐波分析。在进行以上三个步骤时，必须满足两个基本前提条件：① 满足采样定理，以免发生信号混叠；② 采样频率必须与信号频率同步。具体要求如下所述。

（1）采样频率满足采样定理要求。要获得精确的测量结果，采样频率的选择很重要。如果采样频率选择得过高，即采样间隔小，则每个周期里采样点数过多，造成数据存储量过大和计算时间太长；但如果采样频率过低，快速傅立叶变换（Fast Fourier Transform，FFT）运算在频域将会出现混淆现象，造成频谱失真，使之不能真实反映原来的信号。因此，对连续信号的采样频率需大于奈奎斯特频率，即采样频率至少应等于或大于信号所

固有的最高频率f_h的两倍，即$f_s \geq 2 \times f_h$。在实际应用中，一般常取为$4 \sim 10 f_h$。

（2）采样频率保持与信号频率同步的要求。要实现采样频率与信号频率同步必须满足以下关系，即数据窗为I倍（I为整数）信号周期T、数据窗内采样次数为N（N为整数）、采样频率为T_s时，则有

$$IT = NT_s \qquad (6-11)$$

式（6-11）可概括为，N个采样点恰好采集了整数个信号周期，也就是采样频率和信号频率同步，也可称为同步采样。此外，同步采样也可被称为等间隔周期采样或周期均匀采样。

另外，针对软件同步采样方法的误差，可采用准同步采样的方式，这种算法通过求取周期信号平均值，以获取采样数值。

（3）准同步采样的要求。准同步采样是针对软件同步采样方法的误差提出的一种改进方法，它在算法上主要依据是对同期信号求其平均值。

$$f(x) = \frac{1}{2\pi} \int_{x_0}^{x_0+2\pi} f(x)\mathrm{d}x \qquad (6-12)$$

式（6-12）不仅适用于测量信号为正弦波的情况，也同样适用于测量信号含有高次谐波的情况，即任意周期情况均可表示成上式求积分平均值的形式。实际上，采样点可能落在$2\pi+\Delta$区间上，这就会产生测量误差。准同步采样就是能在$|\Delta|$不大的情况下，通过适当增加采样数据量和采用新的数据处理方法来获得$f(x)$平均值的高准确度估值。

电力系统的谐波分析通常是通过快速傅立叶变换FFT实现的，但在应用快速傅立叶变换时存在影响测量准确性的频谱泄漏问题。减少频谱泄漏的方法有加窗法、同步采样法、插值修正法等，其中经常使用的是加窗法。理想的傅立叶变换是实现对整个时域信号的变换，但实际工程中应用的FFT算法只能对有限的信号进行变换。有限长度的信号在时域上相当于无限长信号与矩形窗信号的乘积，而时域的乘积运算对应的是频域的卷积运算。因此，利用FFT算法得到的傅立叶变换结果相当于实际信号的傅立叶变换与矩形窗傅立叶变换的卷积，而不等于实际信号的傅立叶变换。这样，利用FFT算法分析非整数次谐波时就会存在频谱泄漏和栅栏效应。选用不同的窗函数对分析谐波具有不同的功能。通常对窗函数的要求是主瓣窄、

旁瓣低、旁瓣跌落速度快。

下面分别介绍快速傅立叶变换和窗函数的计算方法。

1）电压的傅立叶变换。在电力系统中，对于周期为 $T=2\pi/\omega_0$ 的非正弦波电量进行傅立叶级数分解。除了得到与电网基波频率相同的分量外，还得到一系列大于电网基波频率的分量。下面以电压 $u(t)$ 为例，在满足狄里赫利条件下，可分解为

$$u(t)=\sum_{n=1}^{k}A_n\sin(\omega_n t+\theta_n) \qquad (6-13)$$

式中　$n=1$，2，3，……；

　　　k——谐波次数；

$\omega_n=n\omega_0$——谐波角频率；

　　　A_n——n 次谐波分量的幅值；

　　　θ_n——n 次谐波分量的相位。

模拟信号的连续时间频谱可以表示为

$$U(\omega)=\int_{-\infty}^{+\infty}u(t)\,\mathrm{e}^{-\mathrm{j}\omega t}\mathrm{d}t \qquad (6-14)$$

$u(t)$ 经采样后变为 $u(nT)$，其中 T 为采样周期。离散信号 $u(nT)$ 的傅立叶变换可以表示为

$$U(k)=\sum_{n=0}^{N-1}u(n)\mathrm{e}^{-\mathrm{j}kn2\pi/N} \qquad (6-15)$$

式中：$k=0$，1，2，$\cdots$，$N-1$。

快速傅立叶变换（FFT）是离散傅立叶变换（DFT）的一种快速算法，N 点序列 $x(n)$ 的 N 点 DFT 可表示为

$$X(k)=\sum_{n=0}^{N-1}x(n)W_N^{nk} \qquad (6-16)$$

式中：$0\leqslant k\leqslant(N-1)$，$W_N=1-\mathrm{j}2\pi/N$。

与时域中相邻点之间的时间间隔 Δt 相类似，在频域中，相邻采样点间也存在频率间隔 Δf，具体有

$$\Delta f=\frac{f_s}{N}=\frac{1}{\Delta t} \qquad (6-17)$$

在频域中，频率间隔是频域显示相邻谱线之间的频率间隔，也可称为分辨率。

2）窗函数。在异步采样时，采用快速傅立叶变换 FFT 算法进行谐波分析，易出现频谱泄漏现象以及栅栏效应。泄漏现象的产生主要是由于窗函数的频域响应中旁瓣的幅值以及主瓣具有一定宽度，而非理想冲击信号。为减小频谱泄漏，需寻找在频域中表现最接近理想冲击函数的窗函数，即旁瓣低且主瓣窄的窗函数。到目前为止，已经有矩形窗、汉宁窗、海明窗、布莱克曼窗等，这些窗函数可统称为余弦窗，其时域表达式可写为

$$w_k(n) = \sum_{k=0}^{M} (-1)^k a_k \cos\left(\frac{2kn\pi}{N}\right) \ (n = 0,1,\cdots,N-1) \qquad (6-18)$$

式中　M——余弦窗函数的项数；

　　a_k——余弦窗函数的系数。

为了方便进行差值计算，可对式（6-18）中的系数 a_k 设置如下限制，具体有

$$\sum_{0}^{k} a_k = 1 \qquad (6-19)$$

$$\sum_{0}^{k} (-1)^k a_k = 0 \qquad (6-20)$$

不同的余弦窗项数 k 及其对应的系数 a_k 决定了不同的窗函数。当 $k=0$ 时，式（6-18）就是矩形窗表达式，具体频谱图形如图 6-4（a）所示；当 $k=1$ 时，$a_0=0.5$ 和 $a_1=0.5$ 为汉宁窗，具体频谱图形如图 6-4（b）所示；当 $k=1$ 时，$a_0=0.54$ 和 $a_1=0.46$ 为海明窗，具体频谱图形如图 6-4（c）所示；当 $k=2$ 时，$a_0=0.5$、$a_1=0.5$ 和 $a_2=0.08$ 为布莱克曼窗，具体频谱图形如图 6-4（d）所示。

随着 k 值的增加，旁瓣的幅值变小，衰减速度增加；同时，主瓣宽度随着 k 值的增加而增加。在上述的窗函数中，矩形窗函数具有最窄的主瓣，但同时具有最大的旁瓣幅值，则矩形窗的频率分辨率最好，而幅值分辨率最差；布莱克曼窗旁瓣幅值最小，而主瓣宽度最大，则布莱克曼窗的幅值分辨率最好，而频率分辨率最差。因此，在对实际信号进行处理时，需要根据信号处理的目的与用途，选择合适的窗函数。

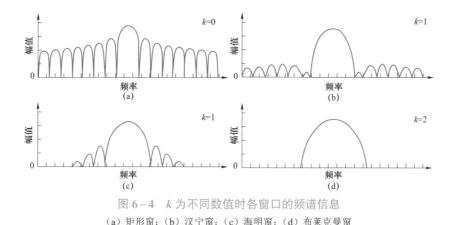

图 6-4 *k* 为不同数值时各窗口的频谱信息
（a）矩形窗；（b）汉宁窗；（c）海明窗；（d）布莱克曼窗

以汉宁窗为例进行分析，汉宁窗作为一种典型的余弦二项窗，其时域表达式为

$$w(n) = \frac{1 - \cos[2n\pi/(N-1)]}{2} \tag{6-21}$$

采用汉宁窗可以有效减少频谱泄漏，该窗口在边界处平滑衰减到 0。这主要是由于汉宁窗可看成是 3 个幅值不同且存在相依的矩形窗，通过相互叠加的方式，使得旁瓣相互抵消，从而有效将能量集中在主瓣内，并消去高频干扰和泄漏,但采用相互叠加的处理方式却使得主瓣宽度增加 1 倍，这也是采用汉宁窗分析的主要劣势。

6.3.2 风电场谐波评价

在进行风电场谐波测量时，应按照《风电场电能质量测试方法》（NB/T 31005—2011）开展现场测试，并根据《电能质量 公用电网谐波》（GB/T 14549—1993）和《电能质量 公用电网间谐波》（GB/T 24337—2009），评价风电场在并网点引起的谐波电流和间谐波电压。

根据相关标准要求，风电场在并网点引起的谐波电流和间谐波电压可按照以下方法进行测试。

（1）在风电场停运时，测量并网点的电压总谐波畸变率、各次谐波电压和间谐波电压，测试周期为 24h。

（2）风电场正常运行时，输出功率从 0 至额定功率的 100%，以 10% 的额定功率为区间，每个功率区间、每相至少收集风电场并网点的 5 个 10min

时间序列瞬时电流测量值和电压测量值，功率测试结果为 10min 平均值。

（3）对于每个 10min 数据集按照《电磁兼容　试验和测量技术供电系统及所连设备谐波、谐波间的测量仪器导则》（GB/T 17626.7—2008）标准计算谐波电流和间谐波电压。

（4）给出风电场引起的谐波电流、电流总畸变率和间谐波电压的最大值。

这里需要注意，《电能质量　公用电网谐波》（GB/T 14549—1993）给出了在指定短路容量下的各次谐波电流限定值，然而在实际应用中，风电场的并网点短路容量与其指定的短路容量不一致，这就需要进行折算。具体有

$$I_{hp,PCC} = \frac{S_{k1}}{S_{k2}} \times I_{hp} \qquad (6-22)$$

式中　S_{k1}——公共连接点的最小短路容量；

　　　S_{k2}——基准短路容量；

　　　I_{hp}——在基准短路容量下第 h 次谐波电流的允许值；

　$I_{hp,PCC}$——在 S_{k1} 短路容量下第 h 次谐波电流的允许值。

同时，风电场谐波电流允许值也需根据公共连接点接入设备总容量的不同而进行相应的折算，具体有

$$I_{h,WF} = \left(\frac{S_{WF}}{S_t}\right)^{\frac{1}{a}} \times I_{hp,PCC} \qquad (6-23)$$

式中　S_t——公共连接点接入设备的总容量；

　　　S_{WF}——风电场容量；

　　$I_{h,WF}$——风电场第 h 次谐波电流允许值；

　　　a——相位叠加系数，可参照表 6-1 取值。

表 6-1　　　　　不同频率谐波的相位叠加系数

谐波次数 h	3	5	7	11	13	9｜>13｜偶次
叠加系数 a	1.1	1.2	1.4	1.8	1.9	2

第 7 章

新能源发电并网认证实务

本章从认证申请、方案策划、文件审核、现场检查、仿真分析、现场测试、标准符合性评价、颁发证书与证后监督 7 个方面，集中、系统地阐述新能源发电并网认证的具体实施流程和步骤。

7.1 认证申请和方案策划

7.1.1 认证申请

认证机构市场部在收到认证委托人（风电场/光伏电站业主）的并网认证申请后，市场部指定一名合同评审人负责评审认证合同申请。同时，指定一名市场开发人员负责协调申请评审工作，向有认证需求的相关方提出认证申请所需报送的材料清单及填写要求并辅导填写，受理各类认证申请材料及确保各种申请材料填报内容的齐全、正确、及时，对评审提出补充材料的催交和收集。

市场部负责组织实施申请评审工作，对工作完成的及时性、有效性负责。对评审中遇到的不能协调的问题及时向总经理报告，并按照相关规定决定实施。最后，市场部对申请评审意见归纳总结并形成文字，将项目转交给认证部，由认证部进行项目的立项、审核方案策划和策划实施。

按照认证申请类型的不同，认证申请可分为初次认证、再认证、变更。不同的认证申请类型需要提供不同的申请材料。

（1）初次认证/再认证项目需要提供的申请材料。

1）认证委托书。

2）营业执照复印件。

3）组织机构代码证复印件。

4）税务登记证复印件。

5）新能源发电站名称、运营商地址、邮编、联系人、电话、邮箱、传真；新能源发电站地理位置信息，包括建设地址、经度、纬度、海拔；新能源发电站基本信息，包括装机容量（MW）、接入电压等级（kV）、风电机组/光伏逆变器型号、风电机组/光伏逆变器数量（台）、无功补偿装置类型、无功补偿装置容量；新能源发电站并网点信息，包括并网点位置、额定电压 U_n、额定频率 f、短路容量 S_k、阻抗角 φ。

（2）扩大/缩小认证范围项目需要提供的申请材料。

1）扩大（缩小）认证范围申请表。

2）新能源发电站名称、运营商地址、邮编、联系人、电话、邮箱、传真；新能源发电站地理位置信息，包括建设地址、经度、纬度、海拔；新能源发电站基本信息，包括装机容量（MW）、接入电压等级（kV）、风电机组/光伏逆变器型号、风电机组/光伏逆变器数量（台）、无功补偿装置类型、无功补偿装置容量；新能源发电站并网点信息，包括并网点位置、额定电压 U_n、额定频率 f、短路容量 S_k、阻抗角 φ。

（3）认证变更项目需要提供的申请材料。

1）变更申请表。

2）变更详细说明文件。若名称/地址变更还需提供新营业执照复印件、组织机构代码证复印件、工商局出具的名称/地址变更证明。

7.1.2 方案策划

为了确保新能源发电并网认证的各种审核活动能够及时、有效实施，认证机构需要进行相关审核方案的策划及编制。当有认证项目需要实施审核活动时，项目管理人员在了解确认审核方相关要求（如时间、场所、范围、结合项目等）、提出审核人员（含删减理由）、与本次审核相关的特殊要求、审核组组成要求等相关信息后，负责认证项目审核方案的全过程策划并填写编制《审核方案策划单》。认证部部长负责审批《审核方案策划单》，参与、指导、处理突发或特殊项目审核方案的策划活动。

审核方案策划一般包括年度监督计划整体策划和单一项目审核方案策划。工作流程包括收集信息、核实确认、编制方案、提交审批。

（1）收集信息。项目管理人员应向认证委托人收集策划审核方案所需要的相关信息，及时、高效地完成审核方案的策划。以下为需要收集的信息。

1）初次、变更、再认证的项目列入月度计划安排。

2）监督计划安排时间统计的信息。

3）证书状态信息。

4）恢复认证、协助收取认证费用信息。

5）有关审核人员恢复使用、暂停使用、见证安排等信息。

6）有关检验机构使用、暂停使用信息。

7）有关对投诉跟踪落实的信息。

8）协助配合相关工作要求的信息。

（2）核实确认。项目管理人员接到审核方案策划活动有关的信息后，应再次确认信息的真实、准确性，避免发生错误的调度安排。

以下为需要核实的信息内容。

1）申请人与受审核方的关系、地址、联系方式。

2）具体检查时间。

3）受审核方已有的认证领域、证书状态、认证阶段，核实对象和流程。

4）申请材料信息与《合同评审单》及附件信息核对。

5）与申请人/受审核方电话联系核对申请材料信息、《合同评审单》。

（3）编制方案。不同类型认证项目的方案策划关注点不尽相同，项目管理人员需要根据认证项目类型分别进行策划。

对于初次/再次认证方案关注点应为以下内容。

1）《合同评审单》和认证委托人提交的认证申请材料及其提出的特殊要求，针对具体的审核活动编制总体实施计划。

2）组织策划应符合审核实施相关作业指导书执行。

7.2 文 件 审 核

认证机构在收到认证委托人（风电场/光伏电站业主）的并网认证申请后，首先成立审核工作组，审核组包含一名审核组长和一名审核员，负责开展文件审核工作。其中审核组长负责与认证委托人联系并建立沟通渠道，向受审核方提供收资需求，审核员负责开展文件审核工作，根据文件审核情况编写《文件审核记录表》，并交由审核组长确认，最后由审核组长编制《文件审核报告》。《文件审核报告》及通过审核的文件将作为审核组开展现场检查的充分依据。新能源发电并网认证的文件审核流程如图 7-1 所示。

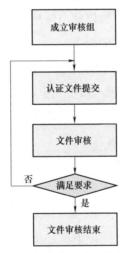

图 7-1 新能源发电并网认证的文件审核流程

根据审核要求，认证委托人向认证机构提交以下资料。

（1）风电场/光伏电站基本信息，包括风电场/光伏电站业主信息、营业执照、实际位置和接入系统设计审查意见等。

（2）风电场/光伏电站技术资料，包括风电场/光伏电站无功补偿设备信息、主变压器型号及参数、风电场/光伏电站内部电气接线图及集电线路参数、风电场/光伏电站保护定值、风电场/光伏电站二次设备安装调试报告、风电场/光伏电站有功/无功功率控制系统技术参数、风电场/光伏电站功率预测系统信息等。

（3）风电机组/光伏组件和光伏逆变器资料，包括风电机组/光伏组件和光伏逆变器参数说明、风电机组/光伏组件变压器型号及参数、风电机组/光伏组件保护定值、风电机组/光伏逆变器低电压穿越/电能质量/电网适应性检测（评估）报告、风电机组/光伏逆变器的仿真模型/说明文件/模型验证报告等。

在收到上述资料后，审核组对文件的完整性、真实性和规范性开展审核。如果发现文件不适宜、不充分，审核组长应当通知审核委托人和负责管理审核方案的人员以及受审核方，应当决定审核是否继续进行或暂停，直到有关文件的问题得到解决。文件经审核确认符合要求后备案，审核组长编制《文件审核报告》。

7.3　现　场　检　查

现场检查是开展新能源发电并网认证工作的基础。现场检查的目的是通过实地检查全面掌握新能源电站的设备配置情况，核实文件审核中的关键信息和现场安装的关键设备是否与型式试验报告一致。

文件审核结束后，认证机构成立现场检查工作组，开展现场检查工作。现场检查工作组也应至少包含一名检查组长和一名检查员。《文件审核报告》及通过审核的文件将作为开展现场检查的重要依据，由审核组交给检查组。

检查组成立后，检查组长就现场检查时间、检查内容等事项与风电场/光伏电站负责人进行沟通，并向风电场/光伏电站发送《现场检查告知书》。现场检查的流程主要包括首次会议、现场文件及设备检查、末次会议等。基本流程如图 7-2 所示。

7.3.1　首次会议

检查组到达风电场/光伏电站后，首先组织召开首次会议。参加首次会

新能源发电并网评价及认证

议的人员包括检查组成员、被审核方代表和相关技术人员等。

会议内容主要是检查组向风电场/光伏电站说明审核目的、依据文件、审核范围、审核程序、确认审核计划以及其他需要澄清的问题。

7.3.2　现场文件及设备检查

现场检查过程中，检查组需完整记录收集的客观证据，对现场检查发现的不符合项应与受审核方进行沟通并得到确认，做出属于严重或轻微/一般不符合的评定，形成《现场检查不符合报告》。如证明是局部的、偶然的情况，不构成严重后果或不承担较高风险的不符合，可视为轻微/一般不符合；如证明已构成系统性、区域性不符合，或承担很高风险、造成严重后果，则应判为严重不符合。

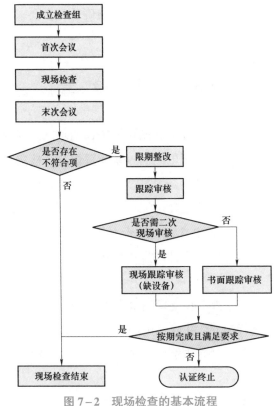

图7-2　现场检查的基本流程

7.3.2.1　现场文件检查

（1）风电机组/光伏发电单元。

1）检查风电机组/光伏发电单元是否具备产品说明书、出厂试验报告和质量证书，文件中设备型号和参数与文件审核提交资料一致，文件现行有效；记录出厂试验报告和质量证书中风电机组/光伏发电单元的序列号。

2）检查风电机组/光伏发电单元是否具备测试机构出具的并网测试/评估报告（包括低电压穿越能力和电网适应性）文件中设备型号和参数与文件审核提交资料一致，文件现行有效。

（2）电气一次设备。

1）检查风电场/光伏发电站是否具备电气一次设备命名原件，与文件审核提交资料一致。

2）检查风电场/光伏发电站是否具备电气一次设备的安装调试报告原件，与文件审核提交资料一致。

3）检查变压器是否具备产品使用说明书、出厂试验报告和质量证书，文件中设备型号和参数与文件审核提交资料一致，文件现行有效；记录出厂试验报告和质量证书中的序列号。

4）检查无功补偿设备是否具备产品说明书、出厂试验报告及质量证书，文件中设备型号和参数与文件审核提交资料一致，文件现行有效；记录出厂试验报告和质量证书中的序列号。

5）检查无功补偿设备是否具备由有资质检测机构出具的型式试验报告原件，与文件审核提交资料一致。

（3）电气二次设备。检查风电场/光伏发电站是否具备电气二次设备的安装调试报告原件，与文件审核提交资料一致。

7.3.2.2　现场设备检查

（1）风电机组/光伏发电单元检查。

1）随机抽取风电场/光伏发电站中同一型号风电机组/光伏发电单元两台，开展现场参数核查；若风电机组/光伏发电单元型号较多，或某一型号只有一台，则可视情况减少抽样数量，须保证所有型号有一台样品。

2）拍照存档风电机组/光伏发电单元的铭牌，检查风电机组/光伏发电单元的参数与文审提交材料的一致性，参数包括制造商、类型、型号、额定功率、视在功率、额定电压和额定频率。

3）拍照存档风电机组/光伏发电单元核心部件的铭牌，风电机组为叶片、变桨系统、发电机、变流器和控制系统，光伏发电单元为逆变器，检查风电机组/光伏发电单元核心部件的参数与文件审核提交材料的一致性，参数包括制造商、型号和软件版本号。

4）检查风电机组/光伏发电单元的主控制器能否设置功率因数在超前0.95～滞后 0.95 的范围内动态可调，并检查功率因数设置与电力系统调度机构要求的一致性。

5）拍照存档风电机组/光伏发电单元的变压器铭牌，检查变压器的参数与文件审核提交材料的一致性，参数包括一次侧额定电压、二次侧额定电压、额定容量、额定频率、短路损耗、短路电压百分比、空载损耗和空载电流百分比。

（2）风电场/光伏发电站主变压器检查。

1）拍照存档变压器的铭牌，检查变压器的参数与文件审核提交材料的一致性，参数包括一次侧额定电压、二次侧额定电压、额定容量、额定频率、短路损耗、短路电压百分比、空载损耗和空载电流百分比。

2）检查风电场主变压器是否采用有载调压变压器。

3）检测通过 35kV 及以上电压等级接入电网的光伏发电站是否采用有载调压变压器。

（3）无功补偿设备检查。

1）拍照存档无功补偿设备的铭牌，检查无功补偿设备的参数与文件审核提交材料的一致性，参数包括制造商、类型、型号、容量、额定电压和额定频率。

2）若风电场/光伏发电站具备无功接入审查报告，检查无功补偿设备容量与无功接入审查意见的一致性。

（4）继电保护及安全自动装置。

1）检查保护装置定值与调度机构定值单的一致性，并检查压板投入的正确性。

2）检查风电场汇集线系统是否采用经电阻或消弧线圈接地方式。

3）检查风电场汇集线系统的母线 TV 开关柜内是否装设一次消谐装置。

4）检查光伏发电站是否配置独立的防孤岛保护装置，检查动作时间设置，时间应不大于 2s。

5）检查光伏发电站是否具备快速切除站内汇集系统单相故障的保护措施。

6）检查故障录波装置是否配备至电力系统调度机构的数据传输通道。

7）检查安全稳定控制系统的运行情况。

（5）调度自动化。

1）检查计算机监控系统运行情况，信号包括风电机组/光伏发电单元的运行状态和型号、风电场/光伏发电站并网点的电压和电流、风电场/光伏发电站高压侧出线的有功功率和无功功率、风电场/光伏发电站高压断路器和隔离开关的位置、风电场/光伏发电站气象监测系统的实时值。

2）检查专线调度电话正常通话和录音功能。

3）检查电能计量设备的运行情况。

4）检查电力二次系统安全防护系统在生产控制大区与管理信息大区之间装设经国家指定部门检测认证的电力专用横向单向安全隔离装置，检查在生产控制大区与广域网的纵向交接处装设经过国家指定部门检测认证的电力专用纵向加密认证装置或者加密认证网关及相应设施，检查安全区边界的安全防护措施。

5）检查 AGC 控制系统运行情况，能够监控并上传动态运行情况。

6）检查 AVC 控制系统运行情况，能够监控并上传动态运行情况。

7）检查是否配备发电功率预测系统，系统具备 0～72h 短期风电功率预测以及 15min～4h 超短期风电功率预测功能，每 15min 自动向电力系统调度机构滚动上报未来 15min～4h 的风电场发电功率预测曲线，每天按照电力系统调度机构规定的时间上报次日 0～24 时风电场发电功率预测曲线，预测值的时间分辨率均为 15min。

8）检查接入 220kV 及以上电压等级风电场/光伏发电站是否配备相量测量装置（PMU）。

9）检查是否配备电能质量监测设备，设备中风电场参数包括电压偏差、电压波动和闪变、谐波，光伏发电站参数包括电压偏差、电压波动和闪变、谐波、电压不平衡度。

10）检查是否配备不间断电源或直流电源系统，系统容量满足带负荷运行时间大于 40min。

（6）通信系统。

1）检查信息传输是否采用主/备信道的通信方式，其中至少有一条光缆通道。

2）检查与电力系统直接连接的通信设备是否具备与系统接入端设备一致的接口与协议。

7.3.3 末次会议

现场检查的末次会议内容主要包括介绍审核情况，向受审核方提供《现场检查不符合报告》，受审核方代表应在报告上签字确认，明确对不符合项采取纠正措施的时限要求和验证方式等。

7.4 仿 真 分 析

新能源发电并网认证仿真分析分为暂态特性仿真分析和稳态特性仿真分析。新能源发电暂态特性仿真分析主要是对新能源电站的低电压穿越能力进行研究，而新能源发电稳态特性仿真分析的主要内容是风电场/光伏电站的无功/电压特性分析和静态安全分析。

7.4.1 暂态特性分析

风电场/光伏发电站暂态特性仿真分析的主要目的是评价风电场/光伏发电站低电压穿越能力，明确风电场/光伏发电站低电压穿越的特性。首先，需要基于文件审核和现场检查中确定的风电场/光伏发电站参数信息，建立风电场/光伏发电站及外部电网的暂态仿真模型。然后，依托风电场/光伏发电站暂态仿真模型，分析风电场/光伏发电站在不同电网故障情况下的电气特性，核查风电场/光伏发电站的低电压穿越能力以及无功电流特性是否满足《风电场接入电力系统技术规定》（GB/T 19963—2011）或《光伏发电站接入电力系统技术规定》（GB/T 19964—2012）的相关要求。

以下为风电场/光伏发电站低电压穿越能力评价的主要工作内容。

（1）收集风电机组、风电机组变压器、场内集电线路、风电场升压变压器、风电场送出线路和外部电网等相关设备参数，以及风电机组、风电场和电网的运行数据。光伏电站建模需要收集光伏发电单元（含光伏组件、逆变器、单元升压变压器等）、站内集电线路、光伏发电站升压变压器、光伏发电站送出线路等设备参数，以及光伏发电单元、光伏电站及电网运行数据。

（2）建立用于风电场/光伏发电站低电压穿越能力分析的风电场/光伏发电站详细仿真模型。

（3）风电场/光伏发电站低电压穿越能力仿真研究。在风电机组/光伏逆变器大出力（$P=P_n$）和小出力（$P=0.2P_n$）的运行工况下，对系统发生三相短路、两相接地短路、两相相间短路和单相接地短路故障，使风电场/光伏发电站并网点电压分别跌落至 $90\%U_n$、$75\%U_n$、$50\%U_n$、$35\%U_n$、$20\%U_n$ 时风电场/光伏发电站的低电压穿越特性进行仿真，另外光伏发电站还需仿真电压跌落至 $0\%U_n$ 时的低电压穿越特性。

（4）分析仿真结果并编写仿真报告。风电场/光伏发电站低电压穿越能力评价具体工作流程如图 7-3 所示。

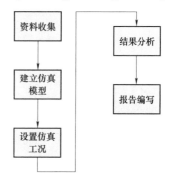

图 7-3　风电场/光伏发电站暂态特性分析的基本工作流程

7.4.2　稳态特性分析

新能源发电站稳态特性分析是通过潮流仿真的方式对风电场/光伏发电站的无功/电压特性和静态安全进行分析。首先，需要基于文件审核和现场检查中确定的风电场/光伏发电站参数信息，建立风电场/光伏发电站及外部电网的稳态仿真模型。然后，依托风电场/光伏发电站稳态仿真模型，通过分析计算提出满足《风电场接入电力系统技术规定》（GB/T 19963—2011）或《光伏发电站接入电力系统技术规定》（GB/T 19964—2012）的风电场/光伏发电站无功补偿配置方案，并对风电场/光伏发电站实际的无功配置进行

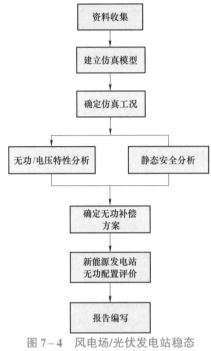

图7-4 风电场/光伏发电站稳态
特性分析的基本工作流程

评价。具体工作流程如图7-4所示。

以下为风电场/光伏发电站稳态特性仿真分析的主要工作内容。

（1）收集风电机组、风电机组变压器、场内集电线路、风电场升压变压器、风电场送出线路和外部电网等相关设备参数，以及风电机组、风电场和电网的运行数据。光伏发电站建模需要收集光伏发电单元（含光伏组件、逆变器、单元升压变压器等）、站内集电线路、光伏发电站升压变压器、光伏发电站送出线路等设备参数，以及光伏发电单元、光伏发电站及电网运行数据。

（2）建立用于风电场/光伏发电站用于潮流仿真的风电场/光伏发电站详细仿真模型。

（3）风电场/光伏发电站稳态特性仿真研究。在正常运行方式（包括按照负荷曲线以及季节变化出现的水电大发、火电大发、最大或最小负荷、最小开机和抽水蓄能运行工况等可能出现的运行方式）和特殊运行方式(主干线路、重要联络变压器等设备检修及其他对系统安全稳定运行影响较为严重的方式）两种运行方式中对电压稳定最不利的情况进行计算分析。

（4）确定无功补偿方案，对风电场/光伏发电站实际配置的无功补偿类型和容量进行评价，编写仿真报告。

7.5 现 场 测 试

现场测试应在新能源发电站全部发电单元并网调试运行后开展，影响新能源发电站并网特性的主要电气设备状况在测试期间应不发生变化。新能源发电站现场测试项目包括不同运行方式下的有功功率变化、有功功率设定值控制、无功容量、电压调节能力、闪变、谐波和间谐波、无功补偿设备性能测试。

7.5.1　风电场现场测试

风电场并网测试前，应核查风电场保护及安全自动装置定值，保证试验过程中若电网或风电场出现故障相关元件能被自动切除。测试过程中，严密监视风电场母线电压、风电场内集电线路母线电压及主变压器负载情况，防止过载及电压超限损坏风电场设备，过载或电压超限后，应按照风电场运行相关规程要求，及时控制风电场有功、无功出力。现场测试时，测试工作人员通过电压互感器、电流互感器和数据采集系统等测试设备按照各测试项目数据采集要求采集测试数据。

功率控制能力测试方法参照 5.3 节。风电场闪变、谐波和间谐波测试依据 NB/T 31005《风电场电能质量测试方法》进行。

在现场测试完成后 15 天内，由测试工作人员完成整理现场测试原始数据和报告的整理、编写工作，并移交给检测部。检测部进行现场测试资料和报告的整理，并移交给认证部项目管理人员。认证部项目管理人员将上述资料及审核方案等其他材料移交至审核组，由审核组开展现场测试审核工作，最终得出测试审核结论。

7.5.2　光伏发电站现场测试

功率控制能力测试方法参照 5.3 节。以下为光伏发电站闪变和谐波测试方法。

7.5.2.1　闪变

（1）在光伏发电站正常运行时，采集并网点电压和电流序列 $u(t)$ 和 $i(t)$。光伏发电站输出功率从 0 至峰值功率的 80%，以 10% 的峰值功率为区间，每个功率区间、每相应至少采集 5 个 10min 时间序列瞬时电压和瞬时电流值，功率测试结果为 10min 平均值。

（2）将 $u(t)$ 输入《电能质量　电压波动和闪变》（GB/T 12326—2008）规定的闪变算法，求出每一个 10min 数据集合的短时间闪变值 P_{st}。根据《电能质量　电压波动和闪变》（GB/T 12326—2008）计算相应的长时间闪变

值 P_{lt}，并将长时间闪变 P_{lt} 的最大值记为光伏发电站正常运行时的长时间闪变值 P_{lt1}。

（3）光伏发电站停运时，测量电网的背景长时间闪变值 P_{lt0}，周期为 24h。根据式（7-1）计算光伏发电站单独引起的长时间闪变值 P_{lt2}。

$$P_{lt2} = \sqrt[3]{P_{lt1}^3 - P_{lt0}^3} \qquad (7-1)$$

7.5.2.2　谐波和间谐波

（1）在光伏发电站停运时测量并网点的电压总谐波畸变率、各次谐波电压和间谐波电压，测试周期为 24h。

（2）光伏发电站正常运行时，输出功率从 0 至峰值功率的 80%，以 10% 的峰值功率为区间，每个功率区间、每相应至少采集 5 个 10min 时间序列瞬时电流值和瞬时电压值，功率测试结果为 10min 平均值。

（3）根据《电磁兼容试验和测量技术供电系统及所连设备谐波、谐间波的测量和测量仪器导则》（GB/T 17626.7—2008）计算每个 10min 数据集的谐波电流和间谐波电压。

（4）给出光伏发电站引起的谐波电流、电流总谐波畸变率和间谐波电压的最大值。

7.6　标准符合性评价

根据前期文件审核、现场检查、仿真分析以及现场测试的结果，依据《风电场接入电力系统技术规定》（GB/T 19963—2011）、《风电场并网性能评价方法》（NB/T 31078—2016）、《光伏发电站接入电力系统技术规定》（GB/T 19964—2012）和《光伏发电站并网性能测试与评价方法》（NB/T 32026—2015），认证机构对风电场/光伏发电站的并网特性开展评价，具体评价项目包括风电场/光伏发电站有功功率评价、风电场/光伏发电站无功功率评价、风电场/光伏发电站低电压穿越能力评价、风电场/光伏发电站运行适应性评价、风电场/光伏发电站电能质量评价。

7.6.1　风电场并网性能评价

7.6.1.1　有功功率评价

（1）风电机组有功功率控制能力。根据风电机组功率控制检测报告，计算风电场内各型号风电机组有功功率设定值控制的最大偏差和响应时间。以下为风电机组有功功率控制性能指标要求。

1）风电机组有功功率设定值控制允许的最大偏差不超过风电机组额定功率 P_n 的 5%。

2）设定值变化量低于 $0.2P_n$ 时，响应时间不超过 10s；设定值变化量达到 $0.8P_n$，响应时间不超过 30s。

3）风电机组有功功率设定值控制超调量不超过风电机组额定功率 10%。

如图 7−5 所示为风电机组有功功率设定值控制期间有功功率允许运行范围。图中实线为风电机组有功功率设定值控制目标曲线，两条虚线分别为风电机组有功功率实际输出的上、下限。

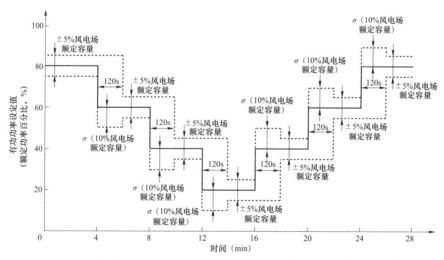

图 7−5　风电机组有功功率设定值控制期间有功功率允许运行范围

（2）正常运行情况下有功功率变化。根据风电场并网检测报告，查看风电场 10min 和 1min 有功功率变化的最大值，判定风电场正常运行情况下的有功功率变化控制能力是否符合《风电场接入电力系统技术规定》

（GB/T 19963—2011）的要求。

（3）风电场有功功率控制能力。根据风电场并网检测报告，计算风电场有功功率设定值控制的最大偏差和响应时间。以下为风电场有功功率控制性能指标要求。

1）风电场有功功率设定值控制允许的最大偏差不超过风电场装机容量的 3%。

2）风电场有功功率控制响应时间不超过 120s。

3）有功功率控制超调量 σ 不超过风电场装机容量的 10%。

7.6.1.2 无功功率评价

风电场无功功率评价，主要包括风电机组功率因数调节能力、风电场无功容量配置和风电场无功功率调节能力三方面的评价。评价风电机组功率因数调节能力，需根据风电机组功率控制检测报告，查看风电机组功率因数运行范围，判定风电机组功率因数调节能力是否符合《风电场接入电力系统技术规定》（GB/T 19963—2011）的要求。评价风电场无功容量配置，需根据风电场并网检测报告，查看风电场配置的无功装置类型及其容量范围是否符合风电场无功接入审查意见的要求。评价风电场无功功率调节能力，需根据风电场并网检测报告，计算风电场电压指令控制期间无功功率的调节速度，判定方法与风电机组/风电场有功功率设定值控制响应时间的判定方法相同，需要注意风电场无功功率调节的稳态控制响应时间不超过 30s。

7.6.1.3 低电压穿越能力评价

风电场低电压穿越能力宜通过仿真手段评价。评价方法依据《风电场低电压穿越建模及验证方法》（NB/T 31053—2014）。

7.6.1.4 运行适应性评价

（1）电压偏差、闪变、谐波和频率适应性。根据风电机组电网适应性检测报告，查看风电机组电压偏差、闪变、谐波和频率适应性是否符合《风电场接入电力系统技术规定》（GB/T 19963—2011）的要求。

（2）三相电压不平衡度适应性。根据风电机组电网适应性检测报告，若风电机组三相电压不平衡度为 2% 时，三相电流不平衡度不大于 3%，且风电机组三相电压不平衡度为 4% 时，三相电流不平衡度不大于 5%，则风电场三相电压不平衡度适应性满足要求。

7.6.1.5　电能质量评价

（1）闪变。根据风电场并网检测报告，核查风电场在其所接入公共连接点引起的长时间闪变值是否符合《电能质量　电压波动和闪变》（GB/T 12326—2008）的要求。

（2）谐波。当公共点连接点处的最小短路容量不同于基准短路容量时，谐波电流允许值按照式（7-2）进行修正。

$$I_{h,\text{PCC}} = \frac{S_{k1}}{S_{k2}} \cdot I_{hp} \qquad (7-2)$$

式中　S_{k1}——公共连接点的最小短路容量，MVA；

S_{k2}——基准短路容量，MVA；

I_{hp}——第 h 次谐波电流允许值，A；

$I_{h,\text{PCC}}$——短路容量为 S_{k1} 时的公共连接点第 h 次谐波电流允许值，A。

根据风电场并网检测报告，核查风电场向电力系统注入的各次谐波电流是否符合《电能质量　公用电网谐波》（GB/T 14549—1993）的要求。风电场向电力系统注入的谐波电流允许值按照式（7-3）计算。

$$I_{h,\text{WF}} = \left(\frac{S_{\text{WF}}}{S_{\text{t,h}}} \right)^{\frac{1}{a}} \cdot I_{h,\text{PCC}} \qquad (7-3)$$

式中　$S_{\text{t,h}}$——公共连接点接入备总容量，MVA；

$I_{h,\text{WF}}$——风电场第 h 次谐波电流允许值，A；

a——相位叠加系数。

7.6.2　光伏发电站并网性能评价

7.6.2.1　有功功率评价

（1）有功功率变化率。根据光伏发电站并网检测报告，查看光伏发电站正常启动、正常停机以及太阳能辐照度增长过程中有功功率最大变化速率，判定光伏发电站的有功功率变化与《光伏发电站接入电力系统技术规定》（GB/T 19964—2012）要求的符合性。

（2）有功功率设定值控制。根据光伏发电站并网检测报告，计算有功

223

功率设定值控制的最大偏差和响应时间。光伏发电站有功功率控制性能指标要求如下。

1）光伏发电站有功功率设定值控制允许的最大偏差不超过光伏发电站装机容量的 5%。

2）光伏发电站有功功率控制响应时间不超过 60s。

3）有功功率控制超调量 σ 不超过光伏发电站装机容量的 10%。

7.6.2.2　无功功率评价

（1）光伏逆变器功率因数调节能力。根据光伏逆变器并网检测报告，查看光伏逆变器功率因数运行范围，判定光伏逆变器功率因数调节能力与《光伏发电站接入电力系统技术规定》（GB/T 19964—2012）要求的符合性。

（2）无功调节能力。根据光伏发电站并网检测报告，计算光伏发电站电压指令控制期间无功功率的调节速度，判定方法与光伏发电站有功功率设定值控制能力的判定方法相同。光伏发电站无功调节性能指标要求：光伏发电站无功功率调节的稳态控制响应时间不超过 30s。

7.6.2.3　低电压穿越能力评价

宜通过仿真手段评价。仿真模型应包括光伏发电站内所有电气设备，如光伏发电单元（含光伏组件、逆变器、单元升压变压器等）、光伏发电站汇集线路、无功补偿设备、光伏发电站主变压器、光伏发电站继电保护等。各种电气设备模型参数应为设备实际参数或等效值。光伏发电单元模型应基于光伏并网逆变器低电压穿越实测数据进行验证。

光伏发电站全部光伏发电单元在额定功率和 20%额定功率的运行工况下，仿真分析光伏发电站在并网点电压不同故障跌落深度下的低电压运行特性，给出故障期间及故障清除后光伏发电站及光伏发电单元的电压、有功功率和无功功率波形。对于通过 220kV（或 330kV）光伏发电汇集系统升压至 500kV（或 750kV）电压等级接入电网的光伏发电站群中的光伏发电站，还应给出故障期间光伏发电站注入电力系统的动态无功电流。

根据仿真计算结果，评价光伏发电站低电压穿越能力。若仿真结果满足以下情况，则光伏发电站低电压穿越能力满足《光伏发电站接入电力系统技术规定》（GB/T 19964—2012）的要求。

（1）站内光伏发电单元故障期间维持并网运行。

（2）自故障清除时刻开始，光伏发电站有功功率恢复速率不小于30%装机容量/s，且功率恢复期间有功功率值不低于30%装机容量/s 恢复曲线对应的有功功率。

（3）光伏发电站注入电力系统的动态无功电流值、响应时间和持续时间满足《光伏发电站接入电力系统技术规定》（GB/T 19964—2012）中对动态无功电流注入的要求。

7.6.2.4　运行适应性评价

（1）电压偏差、闪变、谐波、间谐波和频率适应性。根据光伏逆变器型式检测报告，查看光伏逆变器的电压偏差、闪变、谐波、间谐波和频率适应性与《光伏发电站接入电力系统技术规范》（GB/T 19964—2012）要求的符合性。

（2）三相电压不平衡度适应性。根据光伏逆变器型式检测报告，若光伏逆变器三相电压不平衡度为 2% 时，三相电流不平衡度不大于 3%，且光伏逆变器三相电压不平衡度为 4% 时，三相电流不平衡度不大于 5%，则光伏发电站三相电压不平衡度适应性满足要求。

7.6.2.5　电能质量评价

（1）闪变。根据光伏发电站并网检测报告，核查光伏发电站在其所接入公共连接点引起的长时间闪变值 $P_{lt,PCC}$ 与《电能质量　电压波动和闪变》（GB/T 12326—2008）要求的符合性。

（2）谐波和间谐波。当公共连接点处的最小短路容量不同于基准短路容量时，谐波电流允许值按照式（7-2）进行修正。

根据光伏发电站并网检测报告，核查光伏发电站向电力系统注入的各次谐波电流与《电能质量公用电网谐波》（GB/T 14549—1993）要求的符合性。光伏发电站向电力系统注入的谐波电流允许值按照式（7-4）计算

$$I_{h,PV} = \left(\frac{S_{PV}}{S_{t,h}} \right)^{1/a} \cdot I_{h,PCC} \qquad (7-4)$$

式中　$S_{t,h}$——公共连接点接入设备总容量，MVA；

$I_{h, PV}$ ——光伏发电站第 h 次谐波电流允许值，A；

$I_{h, PCC}$ ——公共连接点第 h 次谐波电流允许值，A；

a ——相位叠加系数。

7.7 颁发证书与证后监督

认证机构通过对风电场认证过程和报告结论的审核评定，确定风电场/光伏发电站的并网特性满足认证实施规则和相关国家标准的要求，经中心主任批准，认证机构向认证申请人颁发认证证书。

认证证书有效期一般为五年，获证组织在认证证书有效期内，允许使用认证证书和认证标志。五年周期自初审或再认证的认证决定批准之日算起。初审之后，获证机构应在第二年、第三年、第四年、第五年主动申请监督审核，如申请再认证，再认证审核可与第五年的监督审核一并开展。初审后的第一次监督审核应在初次认证决定批准之日起 12 个月内进行；每两次监督审核的时间间隔不应超过 12 个月。若在监督审核中发现不符合项，认证机构可以依据相关文件规定，暂停、注销直至撤销认证证书。

参 考 文 献

［1］ 中国合格评定国家认可委员会. 认可的本质与作用［M］. 北京：中国标准出版社，2012.

［2］ 国家电力监管委员会安全监管局，国家电力监管委员会东北监管局. 风力发电场并网安全性评价依据［M］. 北京：中国电力出版社，2012.

［3］ 全国认证认可标准化技术委员会. GB/T 27065—2004《产品认证机构通用要求》理解与实施［M］. 北京：中国标准出版社，2006.

［4］ 全国认证认可标准化技术委员会. 合格评定系列国家标准理解与实施［M］. 北京：中国标准出版社，2006.

［5］《中国电力百科全书》编辑委员会，《中国电力百科全书》编辑部. 中国电力百科全书：电力系统卷［M］. 3版. 北京：中国电力出版社，2014.

［6］《中国电力百科全书》编辑委员会，《中国电力百科全书》编辑部. 中国电力百科全书：新能源发电卷［M］. 3版. 北京：中国电力出版社，2014.

［7］ 朱永强，王伟胜. 风电场电气工程［M］. 北京：机械工业出版社，2012.

［8］（英）布兰登·福克斯，等. 风电并网：联网与系统运行［M］. 刘长洼，冯双磊，译. 北京：机械工业出版社，2011.

［9］ 叶杭冶. 风力发电机组的控制技术［M］. 北京：机械工业出版社，2006.

［10］ 周双喜，鲁宗相. 风力发电与电力系统［M］. 北京：中国电力出版社，2011.

［11］ 张兴，曹仁贤，等. 太阳能光伏并网发电及其逆变控制［M］. 北京：机械工业出版社，2011.

［12］ 刘维列. 电力系统调频与自动发电技术［M］. 北京：中国电力出版社，2006.

［13］ 肖湘宁. 电能质量分析与控制［M］. 北京：中国电力出版社，2010.

［14］ 程浩忠，吕干云，周荔丹. 电能质量监测与分析［M］. 北京：科学出版社，2012.

［15］ DUGAN R C，MCGRANAGHAN M F，et al. Electrical power system quality［M］. McGraw–Hill Companies，2003.

［16］ MEIER A V. Electric power systems：A conceptual introduction［M］. John Wiley & Sons，2006.

［17］ 李庆. 风电场谐波建模及仿真分析［D］. 北京：中国电力科学研究院，2018.

新能源发电并网评价及认证

索　引